U0332094

国家出版基金项目
NATIONAL PUBLICATION FOUNDATION
有色金属理论与技术前沿丛书

石煤提钒焙烧与浸出过程机理

ROASTING AND LEACHING MECHANISM IN PROCESS OF VANADIUM EXTRACTION FROM STONE ORE

何东升　冯其明　著

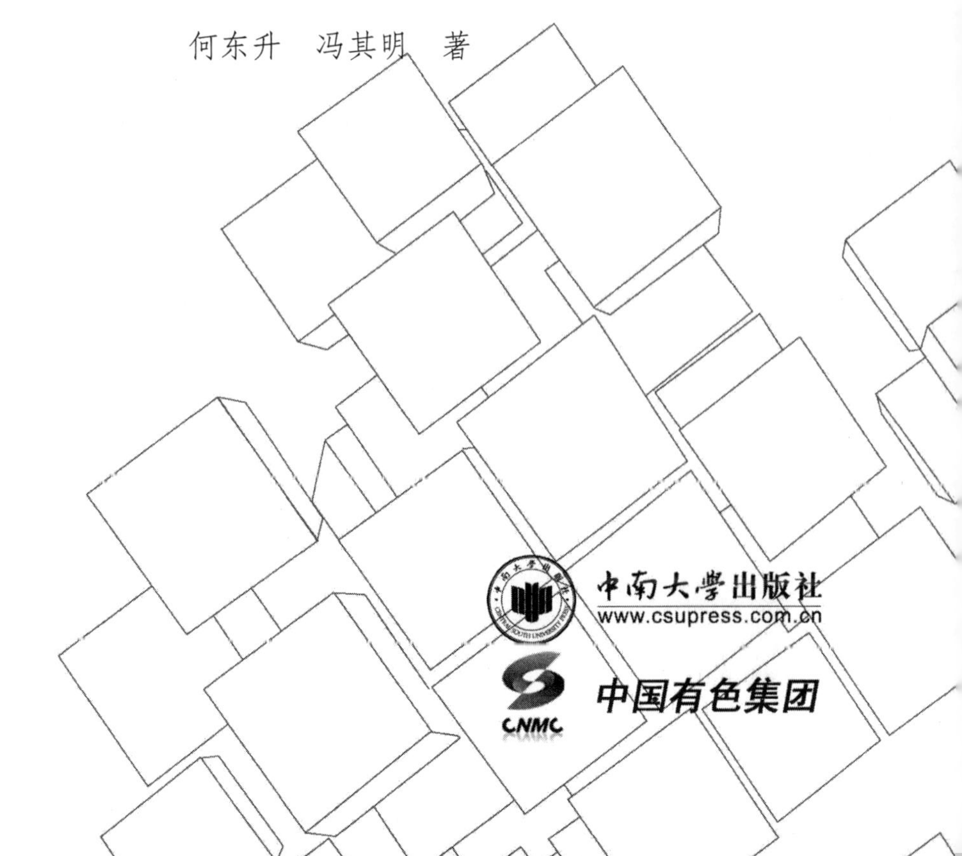

中南大學出版社
www.csupress.com.cn
中国有色集团
CNMC

内容简介

Introduction

含钒石煤是一种独特的钒矿资源，其合理开发利用越来越引起人们的重视。本书介绍了石煤资源的概况及石煤提钒的工艺发展历程，分析了石煤提钒研究中存在的薄弱环节。重点介绍了石煤中的主要含钒矿物——伊利石在焙烧过程中的晶体结构变化规律及其溶解行为，对石煤氧化焙烧过程热力学、钒价态变化规律进行了探讨，对石煤焙烧渣酸浸过程进行了热力学分析，并探讨了焙烧渣酸浸过程机理。

本书可以作为从事石煤提钒科技人员的参考书，也可以作为矿物加工工程、湿法冶金、应用化学等专业师生及厂矿企业技术人员的参考书。

图书在版编目(CIP)数据

石煤提钒焙烧与浸出过程机理/何东升,冯其明著.
—长沙:中南大学出版社,2016.1
ISBN 978-7-5487-2308-0

Ⅰ.石... Ⅱ.①何...②冯... Ⅲ.①石煤-提钒-焙烧②石煤-提钒-浸出 Ⅳ.TF841.3

中国版本图书馆 CIP 数据核字(2016)第 129479 号

石煤提钒焙烧与浸出过程机理
SHIMEI TIFAN BEISHAO YU JINCHU GUOCHENG JILI

何东升　冯其明　著

□**责任编辑**　陈　澍
□**责任印制**　易红卫
□**出版发行**　中南大学出版社
社址:长沙市麓山南路　邮编:410083
发行科电话:0731-88876770　传真:0731-88710482
□**印　　装**　长沙超峰印刷有限公司

□**开　　本**　720×1000　1/16　□**印张** 8.75　□**字数** 173 千字
□**版　　次**　2016 年 1 月第 1 版　□**印次**　2016 年 1 月第 1 次印刷
□**书　　号**　ISBN 978-7-5487-2308-0
□**定　　价**　45.00 元

图书出现印装问题,请与经销商调换

作者简介

About the Author

何东升，男，1980 年出生，副教授，硕士生导师，现任武汉工程大学资源与土木工程学院副院长。2009 年毕业于中南大学资源加工与生物工程学院矿物加工工程专业，获博士学位。主要从事矿物分选理论与工艺、石煤提钒、再生资源循环利用等方面的研究。在国内外发表学术论文 30 余篇，获授权发明专利 6 项，入选湖北省新世纪高层次人才工程第三层次人选。

冯其明　男，1962 年出生，中南大学教授、博士生导师，国家重点基础研究发展计划(“973”计划)项目首席科学家。主要研究方向：硫化矿浮选电化学、复杂细粒矿分选新技术、化学提取及矿物材料加工技术、环境工程。出版著作 3 部，发表论文 200 余篇，获授权发明专利 20 余项。获国家科技进步奖 2 项、省部级科技奖 10 项。获得“全国青年科技标兵”“中国青年科技奖”“新世纪百千万人才工程”等多项表彰。

学术委员会

Academic Committee

国家出版基金项目
有色金属理论与技术前沿丛书

主 任

王淀佐 中国科学院院士 中国工程院院士

委 员 （按姓氏笔画排序）

于润沧 中国工程院院士　古德生 中国工程院院士
左铁镛 中国工程院院士　刘业翔 中国工程院院士
刘宝琛 中国工程院院士　孙传尧 中国工程院院士
李东英 中国工程院院士　邱定蕃 中国工程院院士
何季麟 中国工程院院士　何继善 中国工程院院士
余永富 中国工程院院士　汪旭光 中国工程院院士
张文海 中国工程院院士　张国成 中国工程院院士
张 懿 中国工程院院士　陈 景 中国工程院院士
金展鹏 中国科学院院士　周克崧 中国工程院院士
周 廉 中国工程院院士　钟 掘 中国工程院院士
黄伯云 中国工程院院士　黄培云 中国工程院院士
屠海令 中国工程院院士　曾苏民 中国工程院院士
戴永年 中国工程院院士

编辑出版委员会

Editorial and Publishing Committee

国家出版基金项目
有色金属理论与技术前沿丛书

主　任

罗　涛(教授级高工　中国有色矿业集团有限公司总经理)

副主任

邱冠周(教授　国家“973”项目首席科学家)
陈春阳(教授　中南大学党委常委、副校长)
田红旗(教授　中南大学副校长)
尹飞舟(编审　湖南省新闻出版局副局长)
张　麟(教授级高工　大冶有色金属集团控股有限公司董事长)

执行副主任

王海东　王飞跃

委　员

苏仁进　文援朝　李昌佳　彭超群　谭晓萍
陈灿华　胡业民　史海燕　刘　辉　谭　平
张　曦　周　颖　汪宜晔　易建国　唐立红
李海亮

总序

Preface

当今有色金属已成为决定一个国家经济、科学技术、国防建设等发展的重要物质基础，是提升国家综合实力和保障国家安全的关键性战略资源。作为有色金属生产第一大国，我国在有色金属研究领域，特别是在复杂低品位有色金属资源的开发与利用上取得了长足进展。

我国有色金属工业近30年来发展迅速，产量连年来居世界首位，有色金属科技在国民经济建设和现代化国防建设中发挥着越来越重要的作用。与此同时，有色金属资源短缺与国民经济发展需求之间的矛盾也日益突出，对国外资源的依赖程度逐年增加，严重影响我国国民经济的健康发展。

随着经济的发展，已探明的优质矿产资源接近枯竭，不仅使我国面临有色金属材料总量供应严重短缺的危机，而且因为“难探、难采、难选、难冶”的复杂低品位矿石资源或二次资源逐步成为主体原料后，对传统的地质、采矿、选矿、冶金、材料、加工、环境等科学技术提出了巨大挑战。资源的低质化将会使我国有色金属工业及相关产业面临生存竞争的危机。我国有色金属工业的发展迫切需要适应我国资源特点的新理论、新技术。系统完整、水平领先和相互融合的有色金属科技图书的出版，对于提高我国有色金属工业的自主创新能力，促进高效、低耗、无污染、综合利用有色金属资源的新理论与新技术的应用，确保我国有色金属产业的可持续发展，具有重大的推动作用。

作为国家出版基金资助的国家重大出版项目，《有色金属理论与技术前沿丛书》计划出版100种图书，涵盖材料、冶金、矿业、地学和机电等学科。丛书的作者荟萃了有色金属研究领域的院士、国家重大科研计划项目的首席科学家、长江学者特聘教授、国家杰出青年科学基金获得者、全国优秀博士论文奖获得者、国家重大人才计划入选者、有色金属大型研究院所及骨干企业的顶尖专家。

国家出版基金由国家设立，用于鼓励和支持优秀公益性出版项目，代表我国学术出版的最高水平。《有色金属理论与技术前沿丛书》瞄准有色金属研究发展前沿，把握国内外有色金属学科的最新动态，全面、及时、准确地反映有色金属科学与工程技术方面的新理论、新技术和新应用，发掘与采集极富价值的研究成果，具有很高的学术价值。

中南大学出版社长期倾力服务有色金属的图书出版，在《有色金属理论与技术前沿丛书》的策划与出版过程中做了大量极富成效的工作，大力推动了我国有色金属行业优秀科技著作的出版，对高等院校、研究院所及大中型企业的有色金属学科人才培养具有直接而重大的促进作用。

王淀佐

2010 年 12 月

前言

Foreword

钒是一种重要的战略资源，广泛地应用于钢铁、有色及化工的原材料生产。加强钒资源高效开发利用，促进钒产业可持续发展，对我国工业发展和国防建设具有重要意义。我国钒资源主要有钒钛磁铁矿和含钒石煤。含钒石煤是一种低品位钒矿，其所含钒储量与其他钒矿资源总储量相当。随着钒电池行业的快速发展，钒产品消费需求大幅度增加，必然会促进石煤提钒行业的发展。

经过50余年的发展，石煤提钒技术得到很大发展。在广大科研人员的共同努力下，针对不同类型的含钒石煤，开发出多种高效提钒新工艺，解决了石煤提钒的一些难题。在工艺开发方面，越来越注重资源综合利用与环境保护，例如利用石煤的热值发电、提钒过程中回收铝和硅、浸出渣制砖等；也更加注重选冶技术联合，初步形成了一批选－冶结合的提钒工艺。在石煤提钒设备研发方面，研制出了专门的焙烧和浸出设备，提升了工艺指标。部分石煤提钒新技术已在生产现场获得应用，实现了我国石煤提钒技术的整体进步。

同时，人们围绕石煤提钒的关键技术问题，开展了深入的理论研究，形成了一批有重要价值的研究成果，拓展和完善了石煤提钒的基础理论。但是，与石煤提钒工艺发展相比，理论研究还远远落后。本书作者长期致力于石煤提钒领域的研究工作，在工作中积累经验，在总结同行工作成果的基础上，编写了本书。希望通过本书，介绍作者在此方面的相关研究工作，供同仁参考。

焙烧和浸出是石煤提钒的关键环节。全书介绍了石煤氧化焙烧、焙烧渣酸浸的相关理论，主要包括石煤中含钒矿物——伊利石在焙烧过程中的晶体结构变化规律及其溶解行为、石煤氧化焙烧过程热力学、焙烧过程钒价态转化规律、焙烧渣酸浸过程机理等内容。

本书得到国家十二五科技支撑计划项目(2012BAB07B03)资助，由何东升、冯其明合著，并由何东升修改、审定。

本书引用了国内外相关文献资料，谨向有关作者表示衷心的感谢。由于作者水平有限，本书缺点与不足在所难免，请读者批评指正。

作者

目录

Contents

第1章　绪　论

1.1　引言

钒是一种重要的战略资源，广泛地应用于现代工业中，尤其是钢铁工业。钢铁工业中钒消耗量约占钒总消耗量的85%。地球上钒资源丰富，分布广泛，但无单独可开采的富矿，多以低品位形式与其他矿物共生。目前，国外各国生产钒的主要原料是钒钛磁铁矿在冶炼过程中副产的钒渣，我国亦然。石煤是除钒钛磁铁矿外的另一种钒矿资源，在我国储量巨大。我国从20世纪60年代开始进行石煤提钒的相关研究和生产，经过50余年的发展，石煤提钒技术得到较大发展，但总体来说，技术上仍未取得关键性突破，资源综合利用率偏低。实现石煤资源中钒的高效提取，对于促进我国石煤资源的综合利用和我国钒工业的发展均具有重要意义。

1.2　钒资源现状

1.2.1　钒的性质

钒是一种过渡元素，位于第4周期第Ⅴ副族（ⅤB族）。其原子序数为23，原子量为50.9415，熔点为1887℃，沸点为3377℃，密度为6.11 g/cm^3。纯钒呈现为闪亮的白色，质地坚硬，为体心立方结构，晶格系数为0.3024 nm。钒熔点较高，与同一副族的铌和钽同属于稀有高熔点金属[1]。

钒属于d区元素，钒原子的价电子结构为$3d^3 4s^2$，5个价电子都可以参加成键。钒的化学性质主要由未充满的最外层和次外层电子结构所决定，依据失去电子数的不同，钒具有可变的氧化数，能生成+2、+3、+4、+5氧化态的化合物。其中最高氧化态为+5时相当于d^0的结构，故五价钒的化合物较稳定。五价钒的化合物具有氧化性，低价钒则具有还原性，且价态越低还原性越强[2]。

钒可与氧形成多种氧化物，主要的氧化物有VO、V_2O_3、V_2O_4和V_2O_5，其中VO、V_2O_3和V_2O_4均可由V_2O_5与C、CO或SO_2等还原剂作用制得。VO在空气中不稳定，容易氧化为V_2O_3；V_2O_3和V_2O_4均可在空气中被氧化。VO不溶于水，可溶于稀酸形成钒盐溶液；V_2O_3不溶于水和碱，但可溶于酸生成钒盐；V_2O_4亦不溶于水，但可溶于酸和碱，溶于酸生成钒氧基离子VO^{2+}，溶于碱则生成亚钒酸盐。V_2O_5为两性化合物，以酸性为主，微溶于水，易溶于强碱溶液中生成钒酸盐。

1.2.2 钒的应用

钒以金属钒、钒化合物和钒合金的形式被广泛地应用于经济生产建设的各个领域。

1. **在钢铁工业中的应用**

自20世纪60年代以来，钒在钢铁工业中的应用急剧增加，到1988年已占钒消耗量的85%。钒在钢铁方面的消耗比例为：碳素钢占20%，高强度低合金钢占25%，合金钢占20%，工具钢占15%[3]。钒加入钢中，可使钢具有特殊的属性，可改善钢的强度、韧性、耐磨性和耐蚀性等性能，由此可获得各种高性能的钢材料。具有特殊性能的钒钢可广泛应用于输油(气)管道、建筑、桥梁、钢轨和压力容器等工程建设中[4]。

2. **在合金中的应用**

钒在合金中的应用主要体现在钛基合金上，譬如生产Ti-6Al-4V、Ti-6Al-6V-2Sn和Ti-8Al-1V-Mo等合金。Ti-6Al-4V合金是用于制造飞机和火箭的优良高温结构材料，该种合金产量占所有钛基钒合金产量的50%以上。另外，钒可用于磁性材料、硬质合金、超导材料及核反应堆等领域[5]。

3. **在化工中的应用**

在化工中主要应用的钒制品有深加工产品V_2O_5(98%~99.99%)、NH_4VO_3、$NaVO_3$及KVO_3等。它们可用作催化剂、陶瓷着色剂、显影剂、干燥剂及生产高纯氧化钒或钒铁的原料[6]。V_2O_5催化剂具有特殊的活性，其他元素难以代替，其使用寿命和催化活性都超过贵金属铂催化剂，并且对多数毒物具有稳定的性能，而且效率高、价格低廉，因此被广泛用作硫化铁矿生产硫酸的转化过程、有机合成工业、合成氨、石油裂化等的催化剂[7]。

4. **在电池行业中的应用**

钒在电池行业中，主要是用于钒电池的电解液中，钒在电解液中以全钒离子形式存在。钒电池与传统的固相蓄电池相比，具有浓差极化小、电池容量大且容易调整、寿命长、能耐受大电流充放、活性溶液可再生循环使用且不会产生污染环境的废弃物等优势[8]。所以自问世以来在国内外受到广泛关注并得到快速发展。日本从1985年起开发研究用于电站调峰储能的钒电池系统，美国和澳大利亚经过多年的研究已实现了钒电池的工业化应用。

5. **其他应用**

钒的氧化物可用于制造吸收紫外线和热射线的玻璃，这种玻璃具有防紫外线功能。钒可在陶瓷行业用作颜料，称作陶瓷颜料[9]。钒的化合物可用于制药，长春医药集团曾开发一种含钒的新药，用于治疗糖尿病，该药优于常用的降糖药。钒可清除天然气中有毒的硫化氢和矿物燃料发电厂废水中有毒的氧化氮，也可用于处理汽车尾气中的氧化氮。

1.2.3 世界钒资源

钒在地壳中的丰度虽达到 135 μg/g，但钒在自然界分布相当分散，除极个别矿床(秘鲁的米纳拉格拉矿)外，一般都不会形成单独的矿床。钒主要是同铁、钛、铀、钼、铜、铅、锌、铝等金属矿共生，或与碳质矿、磷矿共生。在开采与加工这些矿石时，钒作为共生产品或副产品予以回收。

据美国 USGS 统计[10]，2015 年全球钒资源量已超 6300 万 t，全球钒储量约 1500 万 t，主要分布在中国、俄罗斯和南非，具体储量见表 1－1。

表 1－1 2015 年世界钒储量

国家	储量/万 t
中国	510
俄罗斯	500
南非	350
澳大利亚	180
美国	4.5
其他国家	—
合计	1544.5

由于钒的成矿条件非常复杂，所以含钒的矿物种类繁多，但具有工业开采价值的矿物却极少。依据储量大小和目前的技术水平，可用来生产钒的主要原料有：

1. **钒钛磁铁矿**

钒钛磁铁矿是目前生产钒的主要资源，世界上钒产量的88%是从钒钛磁铁矿中获得的[1]。该类矿在世界储量巨大，达400 亿 t 以上，集中于俄罗斯、中国、美国、南非等国家。此外，芬兰、澳大利亚、挪威、加拿大等国家也有少量的钒钛磁铁矿[11]。

2. 钒铀矿

美国科罗拉多高原钾钒铀矿是世界上主要的钒矿之一，分布在科罗拉多州、犹他州、亚利桑那州和新墨西哥州，钒铀矿是美国主要的钒生产来源。矿石中UO_3平均含量约为0.2%，V_2O_5含量为0.7%～1.5%。除美国外，澳大利亚和意大利亦有少量的钒铀矿[12]。

3. 钒酸盐矿

南非、赞比亚、美国、墨西哥和阿根廷等国，均有钒酸盐矿分布，钒酸盐矿床主要与铅、铜、锌的硫化物共生，这类矿床规模较小，钒品位也较低。

4. 铝土矿

钒在铝土矿中含量较低，一般为0.01%～0.07%[13]。铝土矿中的钒在用拜耳法生产氧化铝过程中进入铝酸钠溶液，因此可从溶液中回收钒。

5. 其他

这类原料主要有原油、油页岩、煤及沥青石等。钒在此类原料中含量较低，但经过燃烧后，钒在燃烧后的灰烬中得到富集，含量可大幅度提高，最高可达40%左右(以V_2O_5计)[1]。此外，含钒的废催化剂也是宝贵的钒二次资源[14]。

1.2.4 我国钒资源

我国是世界上钒资源储量最丰富的国家之一。关于钒储量的具体数据，由于统计方法和统计时间不同，相关报道在数据上虽有所差异，但经过换算后差异不大。我国的钒资源主要有两大类，一是钒钛磁铁矿，一是石煤。我国V_2O_5总储量约为1.35亿t，石煤中的储量约为1.18亿t，占总储量的87%，其余分布在钒钛磁铁矿中[1]。

1. 钒钛磁铁矿

我国的钒钛磁铁矿主要分布在四川攀枝花西昌地区、河北承德地区、陕西汉中地区、湖北郧阳、襄阳地区、广东兴宁及山西代县等地区。四川攀枝花西昌地区目前已探明的钒钛磁铁矿近100亿t，远景储量达300亿t。攀枝花钒钛磁铁矿中钒储量按V_2O_5计算近1570万t，占全国钒钛磁铁矿中钒储量的60%以上，占世界的11%左右。河北承德钒钛磁铁矿探明储量亦达到近80亿t，居国内第二位。我国钒钛磁铁矿中钒品位较低，攀枝花的钒钛磁铁矿的平均品位为0.26%左右[15]，承德低品位钒钛磁铁矿中V_2O_5品位为0.15%～0.25%[16]。

2. 石煤

从岩石学角度看，石煤是一种黑色含碳的页岩。它是一种存在于震旦系、寒武系、志留系等古老地层中的一种晚元古代和早古生代煤，由低等菌藻类生物死亡后，在还原条件下堆积而成[17]。石煤的主要特点是碳氢含量低、发热量低、灰分高、结构致密、比重大、着火点高，不易燃烧或难以完全燃烧、较硬、难磨。石煤中除含硅和碳、氢元素外，还含有钒、钼、镍、铀、镓、铜、铬等多种伴生元素[18]。因此，石煤不仅是一种固体可燃矿产，而且也是以含钒为主的多元素复杂矿物。

我国石煤储量巨大，据 1982 年《中国南方石煤资源综合考察报告》可知：湖南、湖北、浙江、江西、广东、广西、贵州、安徽、河南、陕西等 10 省、自治区石煤的总储量为 618.8 亿 t，其中探明储量为 39.0 亿 t，其余综合考察储量为 579.8 亿 t。仅湖南、湖北、江西、浙江、安徽、贵州、陕西等 7 省的石煤中，V_2O_5的储量就达约 1.18 亿 t。随着近 20 多年来地质工作的不断深入，石煤总储量数据不断刷新。

我国石煤中 V_2O_5品位，各地相差悬殊，多为 0.3% ~1.0%，其平均含钒品位见表 1 –2。由表 1 –2 可知，V_2O_5品位低于 0.5% 的占到 60%。在目前的技术经济条件下，V_2O_5品位达到 0.8% 以上的石煤才具有工业开采价值[19]。

表 1 –2 石煤平均含钒品位[19]

V_2O_5/%	<0.1	0.1 ~0.3	0.3 ~0.5	0.5 ~1.0	>1.0
占有率/%	3.1	23.7	33.6	36.8	2.8

1.3 钒工业现状

1.3.1 世界钒工业概述

1. 世界钒生产

全球主要的产钒国家有中国、南非、俄罗斯、美国、新西兰、哈萨克斯坦、日本和澳大利亚。其中，澳大利亚 2000 年才开始生产钒。除 8 个主要的国家外，其他产钒的国家有：加拿大、印度、巴西以及比利时、捷克、法国、德国、匈牙利和西班牙等欧洲国家[20]。

表 1 –3 2012—2015 年世界钒产量（金属钒/t）

国家或地区	2012 年	2013 年	2014 年	2015 年
中国	39000	41000	45000	42000
南非	19500	21000	21000	19000
俄罗斯	15000	15000	15100	15000
巴西	—	—	1030	2800
澳大利亚	—	400	—	—

续表 1-3

国家或地区	2012 年	2013 年	2014 年	2015 年
美国	272	591	—	—
其他	600	600	580	600
总计	74372	78591	82710	79400

资料来源：USGS Minerals Yearbook，2014，2015，2016。

目前，世界上钒的生产主要是从矿石、精矿、矿渣或石油残渣及石煤中回收，其中绝大部分是钒钛磁铁矿采矿和选矿的副产品。南非、中国、俄罗斯、哈萨克斯坦和澳大利亚 5 国均主要从矿石冶炼过程中提取钒，而日本、美国和委内瑞拉等国家则主要从石油残渣、电厂飞灰和废催化剂中回收钒[21~23]。依据生产钒原料的不同，可将钒提取路线分成三种[23~26]：

第一种路线是从炼铁和炼钢生成的中间渣中提取钒。基本原理为：铁矿石中的钒经过熔炼被溶入铁水中，铁水经过氧化、成渣，形成了含有 10% ~25% V_2O_5 的钒渣；钒渣接着经过焙烧、浸出等一系列工艺的处理后，生产出钒酸盐或氧化钒产品。我国的攀枝花、南非的海威尔德以及俄罗斯的下塔吉尔等厂家均采用此种技术生产钒。

第二种路线是将含钒矿石或精矿直接进行焙烧、浸出处理后，生产氧化钒和钒酸盐。采用该法提取钒的主要是南非的厂家。中国的石煤钒矿也是采用此种路线处理。

第三种路线是回收石油残渣、电厂飞灰和废催化剂中的钒[27]。其工艺也是通过焙烧、浸出工艺生成钒酸盐或钒的氧化物。并且，在回收废催化剂中的钒时，还可同时对钴、钼和镍进行回收。采用这类技术生产钒的厂家主要分布在日本和北美。

钒的产品目前主要有三类：初级产品主要有 V_2O_5、V_2O_3、钒酸盐和钒铁；尖端产品主要有钒铝合金、钒氮合金和高纯度金属钒；前沿产品主要有钒电池、钒氮化物薄膜等[28]。从目前世界钒制品生产情况看，主要是以生产钒的初级产品为主，尖端产品生产量较少。

2. 世界钒消费

钒的用途广泛，但 85% 以上用在钢铁行业，因此，钒的消费和钢铁行业发展密切相关。钒在钢铁行业中，主要用来生产碳素钢和高强度低合金钢，其次是工具钢[4]。

随着世界钢产量的增长，特别是中国钢产量的大幅增长，世界钒的消费量相应有大幅增长。按照我国钢产量 10 亿 t、钒的消耗强度达到世界先进国家水平

(即钒消耗强度为 80 g/t 钢)计算，每年我国钢铁工业钒需求量将达到 8 万 t 金属钒，折合V_2O_5约 14.5 万 t[29]。从全球来看，2012 年以来，欧美及日本等相对成熟的市场，钒需求量总体保持平稳。印度及俄罗斯等新兴市场消费增长虽有所放缓，但仍得以持续[30]。

3. 世界钒市场

在世界钒市场上，主要出口国有中国、南非、俄罗斯等。主要进口国包括美国、日本、德国、英地利、比利时和卢森堡等[31]。在钒价格方面，自 2012 年以来，国际市场钒(V)价总体呈现振荡回落的态势。钒的价格变化反映了钒市场的供需情况，在需求疲软的情况下，供应面的因素成为左右市场走向的主要原因。钒应用技术的进步也将扩大钒需求。例如，若钒氧化还原技术实现大规模的商业应用，则将极大地促进钒需求[32~35]。

1.3.2 我国钒工业现状

如 1.3.1 小节所述，中国是世界上第一产钒大国。攀钢集团有限公司(以下称攀钢)和承德新新钒钛股份有限公司(以下称承德钒钛)是我国两家最大的钒制品生产商。除攀钢和承德钒钛外，我国其他的钒生产厂家还有葫芦岛虹京钼业有限公司、南京铁合金厂、上海九凌冶炼有限公司等。这些厂家均不直接从钒资源中提钒，需要外购钒渣，然后将钒渣加工为钒制品，主要为 V_2O_5 和钒铁。此外，我国有数十家厂家从石煤中提取钒，但生产规模均较小，大多在 1000 t/a(V_2O_5)以下，产品主要是 V_2O_5 和偏钒酸铵(NH_4VO_3)。

从钒产品种类来看，我国钒制品以低端产品居多，尖端产品较少[36]。两大钒生产商中，承德钒钛的产品主要有 V_2O_5、高钒铁(FeV80)、低钒铁(FeV50)及氮化钒，攀钢集团除生产上述四种产品外，还生产中间产品 V_2O_3[37]。除此以外，从石煤中提钒的生产厂家还生产中间产品偏钒酸铵。

国内的提钒技术，主要有三类：一是钒钛磁铁矿提钒技术；二是石煤提钒技术；三是二次资源(废催化剂、石油灰等)提钒技术。前两类技术已经在工业生产中获得应用，第三类技术尚处在实验室研究阶段。这里简要介绍国内的钒钛磁铁矿提钒技术，石煤提钒技术将在本章下节详细介绍。

我国利用钒钛磁铁矿提钒，主要有两种方法：一是水法提钒，即直接用水从钒钛磁铁矿精矿中浸出钒的方法；二是火法提钒，即在炼铁或炼钢过程中提取钒的方法，主要有钒渣法、钢渣法和钠化渣法，目前广泛采用的是钒渣法[38]。钒渣法是在转炉或其他炉内吹炼生铁水，得到含 V_2O_5 12% ~16% 的钒渣和半钢，钒渣再作为生产钒制品的原料[1]。攀钢主要采用钒渣法提钒，自 1972 年起，攀钢一直采用独特的雾化法提钒工艺，至 1995 年，改采用转炉提钒工艺[39]。经过多年的科技攻关，不断开发与优化各项工艺技术，目前攀钢转炉提钒工艺已达到世界先进水平。

我国钒90%用于钢铁行业，剩下的10%主要用于化工、合金和颜料行业，因此，钒的消费同钢铁工业紧密相关[40,41]。随着中国钢产量的增长，以及钢铁品种结构调整，钒在中国的消费呈快速增长的趋势。尤其是HRB400新Ⅲ级钢筋的大力推广应用，将极大地促进我国钒消费[42]。除钒的绝对消费量之外，钒的消费强度也是钒消费的一个重要指标。目前国内平均每吨钢消费 V_2O_5 0.045 kg，与美国和西欧 0.085 kg 相比还有很大差距[43]，随着我国钢铁品种的调整，钒消费强度势必将有所提高。

1.3.3 我国钒工业的机遇与挑战

20世纪70年代，我国开始在攀枝花生产钒渣，标志着我国钒工业进入起步阶段[44]。经过30多年的发展，我国钒工业无论是生产能力、产量还是技术水平和产品质量，都进入了世界钒业大国之列，并正在向规模化、现代化和产业化方向发展。

我国虽然已成为国际产钒大国，但是在钒前沿产品开发及钒产品的应用等方面还不够先进，此外，在钒资源配置、钒产业集中度等方面还存在一些问题。特别值得注意的是，我国储量巨大的石煤钒矿资源一直没有得到有效的利用，石煤提钒无论是在生产技术、生产规模还是产品质量上均比较落后。高效开发和利用石煤资源，大力发展石煤提钒技术，将对促进我国钒工业乃至世界钒工业发展有着十分重大的意义。

因此，为应对严峻的国际钒产业经济和战略双重竞争，应加强以下几个方面的工作[45~47]。

(1)加强钒高新产品的开发与应用研究。如钒电池、钒基储氢合金、钒薄膜、纳米钒材料催化剂等。

(2)加大钒在钢铁行业中的应用，促进钢铁产品换代升级。我国钒消费强度远远低于世界水平，钒在钢铁行业中未能得到最充分的应用。提高钒消费强度，可降低我国的钢材消耗量。

(3)加大钒在非钢铁行业中的推广应用，开发潜在钒市场。

(4)发展石煤提钒，加大石煤提钒技术研究，开发石煤提钒新工艺。

1.4 石煤提钒

1.4.1 石煤概述

1. 石煤成因

对于“石煤”这一术语，很难从地质学或岩石学上赋予其严格的定义。1982年，《中国南方石煤资源综合考察报告》将石煤定义为“形成于中泥盆世以前，发热量在3347 J/g以上的黑色可燃有机岩”。而关于石煤的成因，相关的研究较多，看法也不完全相同，但在以下三点上的认识是一致的[48~50]：①藻类、菌类和浮游生物等低等生物是形成石煤的原始物质；②石煤形成于还原性环境；③沉积作用是石煤形成的重要因素。

关于石煤成因较为完善的解释是[50]：石煤是海水中菌藻类低等生物与胶状硅质或泥质一道沉积在还原环境下，由泥质等掩埋，经生物化学作用，一些有机质逐渐分解出 H_2S、CO_2、CH_4等气体，而遗留下腐泥质，这种作用循环往复，有机质比例不断增加，再经复杂的成岩作用过程，最终形成现在有利用价值的石煤。

2. 石煤的性质

石煤外观与岩石（石灰岩、碳质页岩）相似，容易与煤炭区别开。颜色一般为灰黑和暗灰色，多带灰色色调，光泽暗淡，结构均一；断口由贝壳状、阶梯状到参差状不等；条痕多为黑色或灰黑色。石煤的燃点高，无烟[51]。

石煤的物质组成与煤炭相似，也包含有机物和无机物两部分，且其中无机成分的量远超出有机成分；有机成分由低等浮游生物和藻类等经过一系列生物化学和物理化学变化所形成，无机成分由泥质、粉砂质、硅质、钙质等矿物所组成[52]。

石煤化学性质主要表现为[52, 53]：灰分高、含硫高、含碳低、热值低。石煤的灰分大多为70% ~88%，少数地方石煤灰分为20% ~40%；石煤中全硫含量多在2% ~5%，其中以黄铁矿硫为主，有机硫次之，硫酸盐硫最低，故在石煤燃烧时，可燃硫（黄铁矿硫和有机硫）都生成二氧化硫排出，二氧化硫是石煤燃烧生成烟气中的主要有害气体；石煤含碳多在10% ~15%，氢、氮含量均低于0.5%；各地石煤的热值有高有低，但多数均在4000 ~5000 kJ/kg，大约为煤炭热值的1/5。

石煤中常含有钒，除钒外，还常含钼、硒、铜、铀、镉、银、锗等多种伴生元素，但这些伴生元素含量大多很低，少数可达到或超过综合利用的边界品位或工业利用品位。石煤中还含有某些有害有毒元素，如汞、砷、氟等，在石煤开采或作为燃料使用的过程中，有可能对大气、水质、土壤等造成环境污染[54]。

3. 石煤的利用

依据石煤的特性，近几十年来研究人员在石煤有效利用方面开展了大量的研究工作，利用思路主要是把石煤作为能源（燃料）、矿产资源（如钒矿）和建材原料。概括来说，石煤的利用主要有以下几个方面[55~58]：

（1）石煤发电。石煤虽然热值不高，但通过采用合适的燃烧技术（如流态化技术）和燃烧设备，也可用来发电。早在20世纪70年代，浙江义乌、湖南益阳就成功利用石煤发电。因此，石煤可作为缺煤地区能源的重要补充，利用石煤发电，可有效缓解电力供应紧张状况。

（2）石煤作为建材工业原料。石煤中含有类似硅酸盐的化学成分，可作为建材的理想原料，可以利用石煤生产的建筑材料和建筑产品主要有水泥、石灰、砖、碳化制品和水泥制品。利用石煤发展建材工业不仅扩大了其资源来源，还可以变废为宝，减少环境污染。

(3)利用石煤生产农肥。对于某些含磷、钾较高的石煤，可用来生产农用肥料，如湖南石门磷肥厂曾利用石煤代替卵石和焦炭，烧制钙镁磷肥获得成功。

(4)石煤提钒。除此以外，还可从石煤中提取硒、镍、钼等金属以及腐殖酸，从石煤中提取的腐殖酸可用来生产腐殖酸肥料、营养土或用作土壤改良剂，甚至用于医药生产。

总体来说，石煤资源利用的发展方向是综合利用。以石煤提钒为中心的石煤发电—发电渣提钒—提钒渣加工的综合利用路线是我国石煤开发利用的主要发展方向。

1.4.2 钒在石煤中的赋存状态

钒在石煤中的赋存状态，与石煤的成因密切相关。在石煤形成过程中，低等生物从海水中吸取钒并富集在有机体内，经过一定时期后，生物体死亡，有机体分解，钒被黏土质吸附。此外，在成岩的过程中，云母类黏土矿物结构发生再结晶，将原有表面吸附态的钒转化为类质同象形式进入云母类晶格中取代了部分Al(Ⅲ)，形成了含钒水白云母(伊利石)类矿物。碳质本身向着变质程度较高的晶化方向过渡[59]。

虽然各地钒的赋存状态略有不同，但概括来说主要有三种情况：①钒赋存在有机质中；②钒赋存在铝硅酸盐矿物中；③以独立的钒矿物存在。

赋存在有机质中的钒与富含氧、氮和硫的高分子化合物密切相关，实验检测到钒卟啉的存在证明了这一点[60]，实验也表明钒与石煤中的有机碳总量之间没有明显关系。

赋存在铝硅酸盐矿物中的钒，主要是以类质同象形式存在。依据晶体学理论，V(Ⅱ)、V(Ⅲ)和V(Ⅳ)均可发生类质同象，但从电荷平衡角度考虑，主要是V(Ⅲ)类质同象取代Al(Ⅲ)；其次也允许少量V(Ⅳ)和Mg(Ⅱ)、Fe(Ⅱ)等两价金属离子一起类质同象取代Al(Ⅲ)，并保持电荷的平衡。此外，钒阴离子还可以吸附形式存在于黏土矿物中[59]。

钒在石煤中以独立矿物存在的情况较少，湖北杨家堡和浙江鸬鸟等地石煤中的含钒矿物，主要为含钒石榴石、钒云母、砷硫钒铜矿、含钒锗石和橙钒钙石等[61, 62]。

从钒在石煤中的分布情况来看，钒大部分是以类质同象形式赋存的，其次是以有机物形式和离子吸附的形式，极少以钒矿物的形式赋存。

钒在石煤中多以单一价态或者相邻的两种价态存在，有三种钒价态共存的情况较少[59]。

1.4.3 石煤提钒工艺

对于石煤这样一种独特的含钒矿石，能否像处理硫化矿矿石一样，采用常规选矿方法（如浮选）来进行处理以回收钒，是研究人员关心和试图解决的问题。但由于石煤物质组成、矿物嵌布状态、钒赋存方式等均极为复杂，不同矿物之间分离困难，钒富集比低，因此，通过单纯的常规选矿方法从石煤中回收钒难以实现，目前从石煤中提取钒主要采取的是火法和湿法冶金相结合的方法，即先焙烧后浸出，使钒由固相转入液相，然后从溶液中制得产品。

1. **石煤浮选**

石煤提钒过程中，有时需采用浮选的方法进行脱碳预富集钒。石煤中常含10% ~15%的碳，这部分碳在浸出过程中会覆盖在矿物颗粒表面，不利于钒的浸出，通过浮选，预先脱除石煤中的碳，可消除其对钒浸出的不利影响，而且可以回收碳。同时，可提高石煤中钒品位。初步推算，年生产能力500 t的钒厂，钒品位可提高0.1%，若生产量提高100 t，则吨钒生产成本降低1000元。

郑祥明[63]采用煤油作捕收剂、松醇油作起泡剂，在自然pH下，对某地石煤进行了浮选脱碳研究，浮选结果为：钒品位提高了0.2%，碳回收率为90%以上，钒损失率在4%以内。

屈启龙等[64]对陕西某高碳石煤钒矿进行了浮选研究，得到品位为76.58%、回收率为88%的石墨精矿（原矿含石墨15%），石墨精矿中含钒为0.12%，钒损失率为1.94%。

值得注意的是，石煤浮选脱碳预富集钒并非是必需的。一方面，浮选脱碳会造成钒的损失；另一方面，在利用石煤发电时，需利用碳燃烧的热能。因此，应针对各地石煤特性，综合考虑技术、成本、经济和社会效益等各方面因素，选择是否进行浮选预处理。

2. **石煤提钒传统工艺（见图1-1）**

我国石煤提钒生产和研究是从20世纪60年代初开始起步的，湖南冶金研究所、锦州铁合金厂、浙江冶金研究所等单位最早对石煤提钒进行了研究，开发出了氯化钠焙烧—水浸出—酸沉粗钒—碱溶铵盐沉钒—热解脱氨制得精钒的工艺流程。该工艺为我国石煤提钒最早采用的工艺，被称作石煤提钒的传统工艺、经典工艺。

该工艺的主要技术指标为[65]：焙烧转化率低于53%，水浸回收率88% ~93%，水解沉粗钒，V_2O_5回收率92% ~96%，精制回收率90% ~93%，钒总回收率低于45%。

该工艺的优点在于[66]：工艺流程简单、工艺条件不苛刻、设备简单、投资少。其主要缺点是：钒总回收率低（不到45%）；资源综合利用率低；添加NaCl焙烧产生严重的HCl、Cl_2和SO_2烟气污染；沉粗钒后的废水是严重的污染源；平窑占地面积大、生产能力小，不适合大规模生产。

在20世纪70到80年代，湖南安化东坪钒厂和新开钒厂曾采用该工艺提钒。但鉴于该工艺存在的严重缺点，后来新建的钒厂大多不再采用该工艺，而是采用一些新开发的工艺。

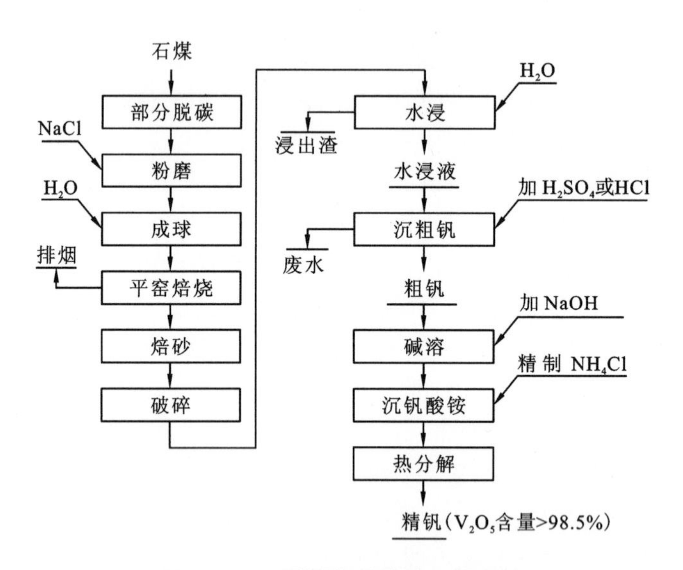

图1-1 石煤提钒的传统工艺流程

3. 石煤提钒新工艺

可以认为，石煤提钒传统工艺的特征是添加NaCl焙烧，某些提钒工艺也采用添加NaCl焙烧，但与传统工艺采用的水浸不同，这类工艺采用酸浸出，也应属于传统工艺。相关的文献报道中常提及石煤提钒新工艺，新工艺相对传统工艺而言，其特征应是无氯(NaCl)焙烧(或不焙烧)。

石煤提钒从工艺流程上来说，多种多样，相关的文献报道很多，有的提钒工艺已经在工业生产上获得应用并取得很好的效果，而更多的提钒工艺则还处在实验室研究阶段。另一方面，很多提钒工艺虽然在流程上有所不同，但在本质上属于同一类工艺的改进。在此，仅选择在工业上应用过的或进行过扩大试验的、有代表性的几种工艺作简要的介绍。

(1)空白焙烧—酸浸—净化—沉钒—制精钒工艺[67~69](见图1-2)

空白焙烧，也称作无盐焙烧、氧化焙烧，即不加任何添加剂焙烧。与传统提钒工艺相比，该工艺的特点是：采用空白焙烧，不添加NaCl，不会产生烟气污染；改水浸为酸浸，强化浸出；由于采用酸浸，浸出杂质较多，需在沉钒前净化除杂。在硫酸浓度较低时，浸出杂质较少，酸浸和净化可以一步完成，如湖南洪江市黔城钒厂就曾采用“空白焙烧—酸浸和杂质分离—沉钒—制精钒”的工艺流程，酸浸后浸出液无需净化，即可沉钒。1992 年进行了工业性生产试验，V_2O_5总回收率为 51. 65%，比原沿用的传统提钒工艺提高 14. 62%。

该工艺的最大特点是无添加剂焙烧、流程简单，因而生产成本较低，但钒总回收率偏低，可能与平窑焙烧效果不好有关。

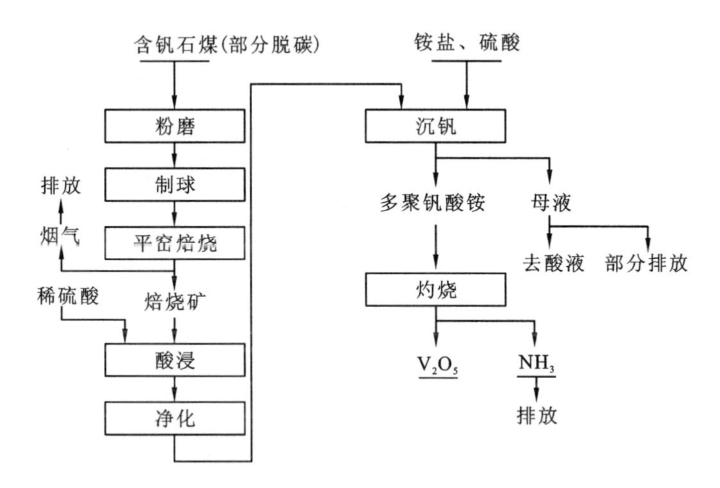

图 1-2 空白焙烧-酸浸-净化 沉钒 制精钒工艺原则流程

(2)空白焙烧—酸浸—萃取(离子交换)—沉钒—制精钒工艺[68,70~73](见图 1-3)

该工艺的特点是采用萃取或者离子交换工艺富集钒，使钒达到较高浓度，然后沉钒，以减少钒损失率。湖南怀化双溪煤矿曾应用该工艺提钒，采用萃取方法富集钒，生产中获得的主要技术指标为：焙烧转浸率大于 55%，酸浸回收率约为 98%，萃取率在 99% 以上，反萃率约为 95%，沉偏钒酸铵回收率约为 99%，钒总回收率约为 50%。钒总回收率偏低，原因应是焙烧效果不好，焙烧转浸率低。

湖北鄂西第一钒厂、浙江 771 矿和陕西中村钒矿采用该工艺从石煤中提钒(中试或生产)，钒总回收率均达到 70% 以上。浙江化工研究院提出的空白焙烧—酸浸—中间盐—萃取—沉钒—制精钒工艺，也可归入此类工艺。1989 年在浙江建德进行了半工业试验，获得的主要技术指标为：浸出率 93. 69%、中间盐回收率 99. 07%、萃取率 98. 10%、反萃取率 98. 16%、偏钒酸铵沉淀率 99. 0%、钒总回收率大于 80%。特别值得注意的是，该工艺钒总回收率达到 80% 以上，且可得到铵明矾副产品。从钒总回收率来看，该工艺有一定的优越性，但流程复杂，该工艺除在建德钒厂使用外，未能推广应用。

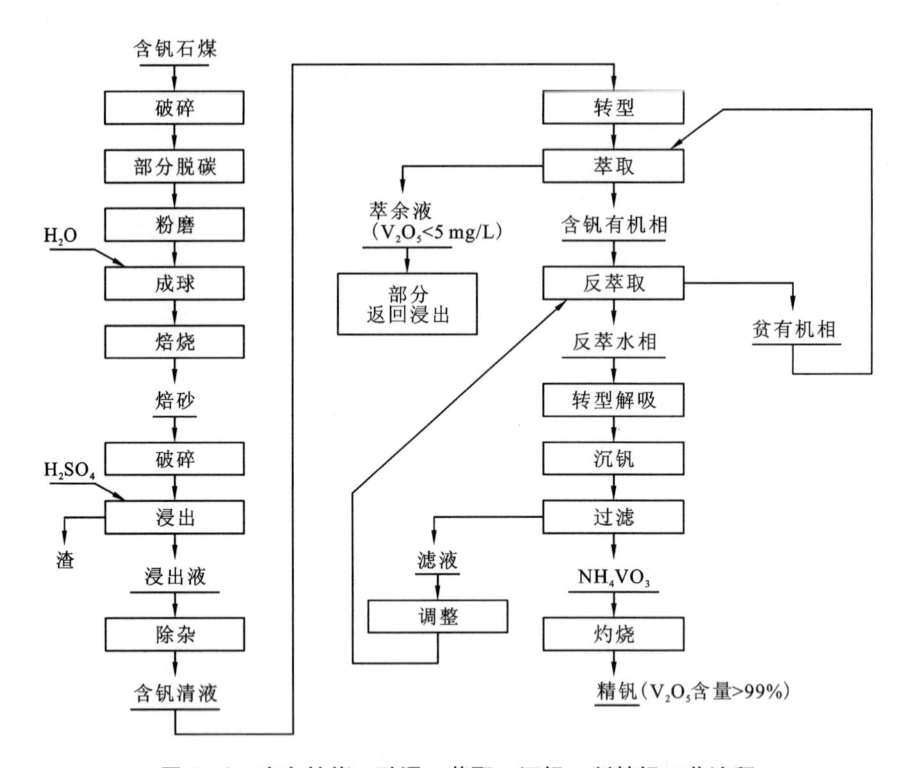

图1-3 空白焙烧-酸浸-萃取-沉钒-制精钒工艺流程

(3)石煤直接酸浸—萃取—沉钒—制精钒工艺[74](见图1-4)

长沙有色冶金设计研究院针对陕西某石煤矿，研发了石煤直接酸浸—萃取提钒的工艺，1996年陕西华成钒业有限公司将其成功应用于生产，可日处理原矿300 t，年产五氧化二钒600 t；1998年扩大规模后，可日处理原矿500 t，年产五氧化二钒1000 t。该工艺在技术上可行，工艺参数容易操作控制，指标稳定，钒的浸出率高，总回收率达65%以上，生产成本低(每吨五氧化二钒4万元左右)。

该工艺的主要特点是：直接酸浸，减少了焙烧环节，缩短了流程；不会产生烟气污染，废水和废渣经简单处理后可直接排放。但应注意到，硫酸和氨水及石灰消耗量较大，以每天处理500 t原矿计算，每天消耗约70 t硫酸、70 t石灰和23 t氨水。此外，该工艺对矿石性质有要求，不适合处理耗酸物质高、含铁高的矿石。

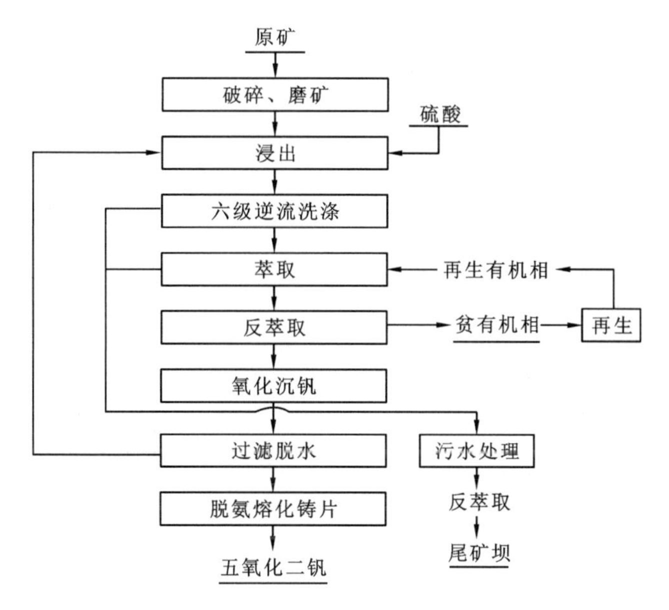

图 1-4　石煤直接酸浸—萃取—沉钒—制精钒工艺流程

(4)两段焙烧—逆流碱浸—萃取—沉钒—制精钒工艺[75, 76]

中南大学针对湖南岳阳石煤，开发了两段焙烧—逆流碱浸—萃取—沉钒—制精钒工艺。该工艺的主要特点是：采用无添加剂两段(沸腾炉 + 回转窑)焙烧，有利于钒的转化，热能利用率高；采用“碱性介质(NaOH)—两段逆流—内循环”浸出方法，可显著提高钒浸出率和浸出剂的利用率；采用无氯焙烧、碱性介质浸出工艺，能有效控制有害元素(铀、镉等)的走向，解决了传统石煤提钒工艺中存在的严重环境污染和设备腐蚀问题。该工艺中试验结果为：V_2O_5纯度大于99.5%，钒总回收率达到67.55%。该提钒技术已于2006年通过湖南省科技厅组织的鉴定委员会鉴定。

实际上，除上述几种有代表性的工艺外，研究人员还开发出了很多工艺，例如：钙化焙烧—碳酸氢铵浸出—离子交换工艺[77]、氧化焙烧—稀碱溶液浸出工艺[78]、水浸—常温稀酸浸出—净化—离子交换工艺[79]、钙化焙烧—酸浸—萃取工艺[80]、浮选脱碳—稀酸浸出—氧化—离子交换工艺[63]、循环氧化提钒工艺[81]等，这些工艺在钒浸出率、钒回收率、流程周期、生产成本、设备投资、环境保护等方面各有优缺点，但大多未进行工业实践，因此未能成为成熟的工艺。

综上所述，石煤提钒工艺从传统工艺到后来发展出来的新工艺，工艺流程在不断变化和完善，但是总体来说，未能获得突破性进展，钒总回收率最高在65%左右(生产实践回收率)。从石煤提钒工艺发展历程可以看出，高回收率、低成本、绿色环保的提钒工艺将是主要发展方向。

1.4.4 石煤提钒技术关键问题

石煤提钒技术基本原理可简单概述为，通过浸出使钒由固相(石煤或烧渣)进入到液相(浸出液)中，采用萃取或离子交换等手段使钒在溶液中富集后，利用沉淀和结晶技术，使钒由液相转化为固相，灼烧后得到钒产品。从存在形式来看，钒经历了固→液、液→固的两个转化过程；从工艺流程来看，涉及焙烧、浸出、富集(萃取或离子交换)和沉钒四个工艺步骤，这四个步骤的效率决定了钒总回收率的高低。萃取、离子交换和沉钒三个工艺步骤在技术上相对较为成熟，钒损失不大，因此，钒浸出率的高低成为钒总回收率的关键决定因素；而焙烧效果的好坏直接影响钒浸出率，由此可见，焙烧和浸出是石煤提钒技术的关键。此外，从环境保护、成本控制、工艺流程复杂性等方面来看，也是如此。

关于石煤焙烧和浸出工艺的研究有很多，也获得了不少有意义的结果，下面对这两方面的研究情况作简要概括。

(1)焙烧

焙烧的目的是将石煤原矿中V(Ⅲ)和V(Ⅳ)转化为高价态V(Ⅴ)，并转化为溶解性较好的存在形式(可溶性钒酸盐)，通常以钒转化率的高低来表征焙烧效果的好坏。影响钒焙烧转化率因素是多方面的[82]，外因有焙烧设备、焙烧方式、焙烧条件(温度、时间、气氛)、添加剂种类及配比和入炉料粒度等，内因有石煤的物质组成、钒赋存状况、钒的价态分布及焙烧反应机制等。内因是无法改变的，外因是可控的，通过改变外因可改善焙烧效果，提高钒转化率。

首先，考虑焙烧设备。传统工艺采用平窑焙烧，平窑焙烧设备简单，投资不大。但这种焙烧方式存在下述问题：①石煤耗量大，资源浪费严重；②焙烧方式为层烧，每平方米窑底面积年产焙砂量只有1.2～2 t，不适合大规模生产；③焙烧脱碳不彻底，转化率低；④劳动强度大，作业环境差。针对平窑的缺点，研究人员[83～88]对采用竖炉、回转窑、轮窑、隧道窑、沸腾炉和循环流化床的焙烧进行了研究，各种焙烧设备各有优缺点，而综合考虑焙烧能力、焙烧效率、环保和热能利用等因素，沸腾炉和循环流化床都具有极大的优势，尤其是循环流化床，是一种高效、清洁的焙烧技术，在石煤提钒中具有很大的应用前景。

其次，考虑焙烧的添加剂。易健民等[89]发现，用 NaCl 和 Na_2CO_3 作添加剂可大幅减少大气污染，提高钒转化率；李中军等[90]发现以 MnO_2 和 NaCl 作添加剂，可改善石煤焙烧性能，减少 NaCl 用量；李建华等[91]发现，采用 NaCl 和 MX_3 作为复合添加剂，具有降低反应温度、缩短反应时间、降低盐量及提高焙烧转浸率的优点；傅立等[92]研究发现，采用 Na_2CO_3 和 $CaCO_3$ 作复合添加剂，可提高浸出率，减少烟气污染；邹晓勇等[93, 94]研究了一种复合添加剂 TZ－6，焙烧转化率大于

78%，而且用量少，焙烧烟气不需处理即可达到排放标准，可大幅度地降低生产成本；张萍等[95]采用苛化法制烧碱过程中产生的废渣——苛性泥（含钠盐和钙盐）为添加剂，低价态钒氧化率可达 99.5%，回收焙烧废气 CO_2 可用于碳酸化浸出。戴文灿等[96]研究了石灰在钙化焙烧过程中的固硫作用。

实际上，焙烧添加剂的加入，要能提高钒转化率，且不产生烟气污染，同时，加入添加剂还要考虑到生产成本的问题。总体来说，从目前的情况看，无添加剂的氧化焙烧是主要发展趋势。

(2)浸出

从浸出剂来看，石煤提钒的浸出方法，有水浸、酸浸和碱浸。酸浸主要有硫酸、盐酸和硝酸浸出；碱浸主要有氢氧化钠、碳酸钠、碳酸氢钠、碳酸铵和碳酸氢铵浸出。与水浸相比，酸浸由于能浸出不溶于水的钒酸盐[如 $Fe(VO_3)_2$、$Fe(VO_3)_3$、$Mn(VO_3)_2$、$Ca(VO_3)_2$等]，因而浸出率通常要高于水浸。酸浸浸出杂质较多，尤其是酸浓度较高的时候，所以需要对浸出液进行除杂。氢氧化钠浸出适用于钒主要以高价态形式存在的样品，浸出过程中会浸出大量的硅，通常需要对浸出液进行脱硅处理。碳酸化浸出（碳酸钠、碳酸氢钠、碳酸铵和碳酸氢铵）适用于含钙高的原料或钙化焙烧渣[97, 98]，通过 CO_3^{2-} 和 VO_3^- 的交换反应，使 $Ca(VO_3)_2$转化为溶解度更小的 $CaCO_3$，从而使钒进入溶液。

为获得较高的浸出率，酸浸通常需要高温高酸，低温低酸浸出较少。如文献[74]中浸出剂硫酸用量 11% ~12%[液固比为(1 ~1.2)∶1]，在 85℃下浸出；文献[99]中浸出酸用量为矿石量的 18% ~20%[液固比为(1.1 ~1.2)∶1]，采用回流浸出和逆流浸出降低酸耗后，酸用量仍在 14% ~11%，浸出温度为 85℃；文献[100]中浸出酸用量也达到 14%[液固比为(1.5 ~2)∶1]，浸出温度 60℃。高酸高温浸出虽然有利于提高浸出率，但会浸出大量杂质，给后续作业增加难度；同时，会增加相关药剂用量，增加能耗和成本；并且，设备要求防腐。文献[101]尝试了常温低酸浸出，采用质量分数为 0.4% 的硫酸作浸出剂，在常温下浸出，浸出率可达 94.46%。但一般来说，常温低酸浸出只在焙烧转化率非常高时适用。

加入浸出添加剂可强化浸出，可在一定程度上提高钒浸出率。梁建龙等[102]发现，以 PA 作浸出添加剂，钒浸出率可提高 2%；刘利军等[103]在浸出陕西某碳硅质石煤钒矿时发现，添加 2% $NaClO_3$，石煤直接酸浸浸出率由 22.64% 提高到 53.44%；张超达等[104]亦发现，加入适量的 $NaClO_3$，浸出率提高 5% 左右。此外，可用的浸出添加剂还有漂白粉和二氧化锰等有较强氧化性的物质。浸出添加剂主要是通过将不溶于酸的 V(Ⅲ)氧化为溶于酸的 V(Ⅲ)或 V(Ⅵ)来提高浸出率的。

研究人员还研究了石煤细菌浸出[105]、氧压酸浸[106]、超声浸出[107]以及树脂矿浆法提钒[108]，获得了比较有意义的结果。

1.5 焙烧和浸出理论研究现状

1.5.1 钠化焙烧过程中钒价态变化

简单来说，焙烧很重要的一个目的是将三价、四价钒氧化为四价或五价。钒在焙烧过程中的变化规律、钒价态变化的影响因素等问题一直是研究者关心的问题，这方面的研究较多[109~111]，主要集中在20世纪七八十年代，尤其是许国镇等做了大量的研究工作，这些研究主要是针对有NaCl存在时的情况。

许国镇等以浙江塘坞石煤[62]为对象，将焙烧温度分为四个区来讨论钒的价态变化情况。①还原区(<300℃)：主要是有机质、黄铁矿等还原性物质发生氧化反应；②氧化还原区(300~500℃)：还原性物质不断氧化，V(Ⅲ)氧化；③氧化区(500~700℃)：还原性物质氧化完全，V(Ⅳ)氧化；④平衡区(700~1000℃)：V(Ⅳ)氧化为V(Ⅴ)的反应达到平衡。

应该说明的是，对于不同地方的石煤，由于性质不同，四个温度区域的范围也不尽相同。

1.5.2 氯化钠在焙烧过程中的作用

早期的研究者对氯化钠在焙烧过程中的作用做了较多研究，虽然现有的石煤提钒工艺均不采用添加氯化钠焙烧，但回顾和总结这方面的研究成果对石煤提钒理论研究与实践仍具有参考和借鉴作用。综合相关的研究结果[112~115]，可认为氯化钠的作用有以下几点：

(1)破坏含钒矿物的晶体结构。例如：在石英存在的条件下，氯化钠与含钒伊利石(或钒云母)发生反应，生成钾钠长石，使钒从矿物晶体结构束缚态中解离出来，从而被氧化。反应的方程式为：

$$\mathrm{K(Al,V)_2[OH]_2\{AlSi_3O_{10}\}} + 2\mathrm{NaCl} + 3(2-m)\mathrm{SiO_2} + m\frac{1}{2}\mathrm{O_2} = (3-m)\mathrm{(K,Na)Al_2Si_3O_8} + m\mathrm{NaVO_3} + 2\mathrm{HCl} \quad (1-1)$$

式中：m为伊利石或钒云母八面体中钒取代铝数目。

(2)NaCl分解产物Cl_2作催化剂，加速低价钒氧化。NaCl的热稳定性高，高温下也不分解，但当有钒、铁、锰、硅、铝等的氧化物存在时，NaCl可分解产生Cl_2(部分HCl)和Na_2O，Cl_2可加速低价钒的氧化。

$$\mathrm{V_2O_4} + \frac{1}{2}\mathrm{O_2} \xrightarrow[>500℃]{\mathrm{Cl_2}} \mathrm{V_2O_5} \quad (1-2)$$

(3)生成可溶性钒酸盐，提高钒焙烧转化率。NaCl分解产生的Na_2O与低价

钒氧化产物 V_2O_5 反应，生成可溶性钒酸盐。

$$yV_2O_5 + xNa_2O \xrightarrow{>500℃} xNa_2O \cdot yV_2O_5 \tag{1-3}$$

1.5.3 钠化焙烧过程相变机理

钠化焙烧过程中的主要反应是 NaCl 与含钒伊利石(或钒云母)、石英发生反应，生成钾钠长石和钒酸钠[式(1-1)]，该反应称为钠化反应。伊利石(或钒云母)在转变为长石的过程中，要消耗周围的 SiO_2，以弥补其硅的不足[115]。焙烧过程中除生成长石外，含钒伊利石(或钒云母)与石英反应还可生成辉石。随焙烧温度升高(一般高于 850℃)，有钠钙硅酸盐生成，钠钙硅酸盐的生成亦消耗 NaCl 和 SiO_2。有研究者[116]认为，非晶质石英反应活性高，易与各种钠盐包括氯化钠反应生成水玻璃，会造成物料烧结。

许国镇等[117~119]对石煤烧结机理进行了详细研究后认为，石煤烧结是由物料的扩散、流动和物理化学等综合作用引起物质迁移的结果，符合综合作用烧结公式。表征烧结程度的松装密度 d 对钒转化率 η 有明显影响，可用烧结—包裹作用关系式表示：

$$\eta = d/(ad - b) \times 100\% \tag{1-4}$$

式中：η 为钒转化率，d 为钒被包裹几率，a、b 为焙烧相关参数。

对于焙烧过程中相变机理的研究，主要是针对钠化焙烧体系，对于无添加剂的氧化体系研究较少。

1.5.4 浸出机理

石煤焙烧过程中生成的 V_2O_4 或 V_2O_5 不溶或微溶于水，但溶于酸，在酸浸过程中分别生成 VO^{2+} 和 VO_2^+，进入溶液[2]。

对于焙烧过程生成的水溶性钒化合物(如 $NaVO_3$ 等)来说，在和浸出剂接触时，由于自身的分子扩散运动和水的溶剂化作用，逐步从内向外扩散进入溶液，这类钒化合物的浸出，可看作是简单的溶解过程。

焙烧过程中还会生成 $Fe(VO_3)_3$、$Fe(VO_3)_2$、$Mn(VO_3)_2$ 和 $Ca(VO_3)_2$ 等不溶于水的钒酸盐，在酸浸出过程中，这些钒酸盐均可生成稳定的 VO_2^+ 而在溶液中存在[63, 102]。值得注意的是[2, 120, 121]，在酸度降低，即 pH 升高时，VO_2^+ 可水解生成水合五氧化二钒沉淀，或再进一步聚合成多钒酸根离子，多钒酸根离子和溶液中的 Fe^{3+}、Fe^{2+}、Mn^{2+}、Ca^{2+}、Al^{3+}、PO_4^{3-}、SiO_3^{2-} 等离子结合时，会生成不溶性的多钒酸盐或杂多酸盐。

V_2O_4 和 V_2O_5 均可溶于碱，在碱浸时，分别生成亚钒酸盐(如 $M_2V_4O_9$ 或 $M_2V_4O_5$)和钒酸盐(如 MVO_3、$M_4V_2O_7$ 和 M_3VO_4)等[2]。对于含钙高的石煤钒矿，

钙化焙烧后生成钒酸钙[$Ca(VO_3)_2$、$Ca_2V_2O_7$或$Ca_3(VO_4)_2$]，由于$CaCO_3$溶解度比钒酸钙小，通过采用碳酸化浸出，利用HCO_3^-或CO_3^{2-}置换VO_3^-、$V_2O_7^{4-}$或VO_4^{3-}，可使钒进入溶液，从而实现钒的浸出[78, 95, 97]。但钙化焙烧时，若加入CaO过量，在浸出过程中，可使溶液中偏钒酸钠重新进入渣相[98]。

虽然目前在浸出机理方面做了较多工作，也获得了一些认识，但总体来说，研究工作还不够多，认识也不够深入，对于一些关键性的问题，未能解释清楚，一般推论多，获得的结论少。

1.6 本书研究的内容

石煤作为我国储量巨大的钒矿资源，其资源综合利用率较低。石煤提钒是石煤综合利用的一个重要方面，我国从20世纪60年代起开始进行石煤提钒的相关研究与生产。但总体来说，我国石煤提钒研究水平不高，技术水平不够先进，提钒工艺存在钒总回收率低、试剂消耗大、成本高、易产生污染等问题；理论研究较少，研究方法单一，尤其是对于焙烧过程、浸出过程的相关研究理论比较薄弱。虽然对焙烧过程中钒价态变化、烧结相变机理有一定研究，但主要研究工作均是针对添加氯化钠的钠化焙烧体系开展的，而钠化焙烧提钒工艺由于会导致严重的环境污染，已基本被淘汰。

基于石煤提钒研究现状，本书对石煤氧化焙烧过程、焙烧渣酸浸出过程的相关理论进行系统深入的研究，旨在从研究内容和研究方法上深化和完善石煤提钒的理论研究，揭示焙烧、浸出过程中相关机理，从而为石煤提钒技术的开发与生产实践提供理论指导。本书所研究的焙烧体系为无添加剂的氧化焙烧体系，浸出体系为氧化焙烧渣硫酸浸出体系，主要的研究内容包括：

(1)对石煤氧化焙烧体系进行热力学分析，从热力学上对石煤氧化焙烧过程可能进行的化学反应、反应限度等进行研究。

(2)研究石煤氧化焙烧过程中矿物尤其是含钒矿物相变规律及原理、石煤物料性质变化对钒赋存状态的影响规律。

(3)研究石煤氧化焙烧过程中钒氧化历程、规律，考察影响钒氧化的因素，揭示钒氧化与钒浸出之间的关系。

(4)对石煤氧化焙烧渣硫酸浸出体系进行热力学分析，探讨氧化焙烧渣酸浸过程可能发生的反应。

(5)研究氧化焙烧渣酸浸过程相关元素浸出行为、钒浸出反应宏观动力学，进一步揭示钒浸出机理。

第2章　焙烧对伊利石晶体结构及溶解行为的影响

2.1　引言

在前一章论述中已经指出，钒在石煤中存在的状态非常复杂，而各地石煤中钒的存在状态亦不尽相同。但从钒在石煤中的赋存情况来看，可将其归纳为三种情况：一是赋存在铝硅酸盐矿物晶格中[122]；二是与有机质共存[123]；三是以单独的钒矿物存在。总体来说，以第一种情况为主，第二种情况次之，第三种情况非常少见。本书所研究的石煤，钒主要赋存在伊利石矿物晶体结构中。

可以认为，伊利石是钒的"载体"矿物，因此，在石煤焙烧过程中，"载体"矿物结构、物相的变化是钒浸出的前提。由于从石煤中提取分离出高纯度的含钒伊利石在技术上难以实现，故采用较高纯度的伊利石来代替含钒伊利石。虽然二者在矿物学性质上难免存在细微差异，但对本书的研究目的来说，这种差异可以忽略。本章通过研究伊利石在焙烧过程中物相、晶体结构的变化现象、规律，以及焙烧对伊利石在硫酸中溶解行为的影响，以此来认识和研究石煤中含钒伊利石的相关行为及机理。

2.2　试验过程

2.2.1　伊利石试样

伊利石单矿物取自浙江温州，成分分析见表2-1[124]，X射线衍射(XRD)分析和化学分析表明，该伊利石矿物纯度很高(95%以上)，可作为纯矿物研究。

表2-1　伊利石化学成分分析

成分	Al_2O_3	SiO_2	Fe_2O_3	TiO_2	CaO	MgO	K_2O	Na_2O	H_2O^+	烧失量
含量/%	37.71	45.97	0.14	0.21	0.01	0.068	10.2	0.22	4.51	4.85

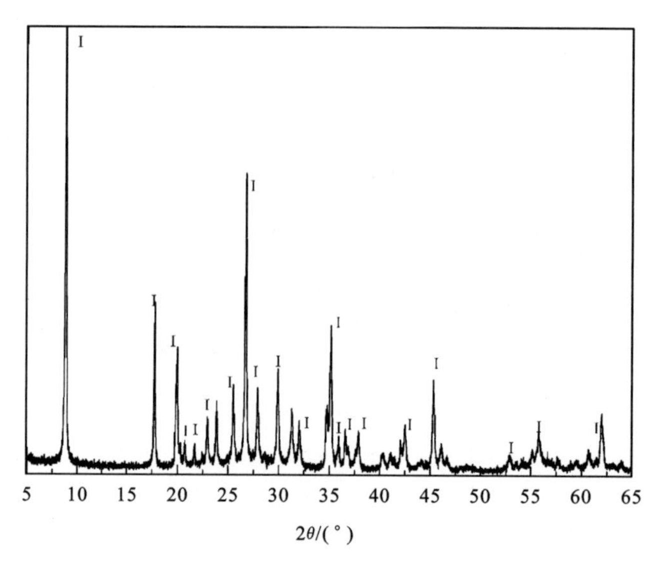

图2-1 伊利石矿物XRD图

2.2.2 伊利石浸出

每次称取20 g伊利石(或焙烧过的伊利石),倒入三角形烧瓶中,按照5∶1的液固比(液固比指浸出液的体积和试样重量比,单位mL/g,下同)加入指定浓度的浸出剂,放置在恒温水浴上,在指定温度下浸出一定时间;浸出时采用磁力搅拌,冷凝管冷凝;浸出完成后,过滤;量取浸出液体积,滤渣烘干称重。浸出液和滤渣分别作相关检测。采用BAIRD公司PS-6型电感耦合等离子体原子发射光谱仪(ICP-AES)检测溶液中的相关元素,检测依据电感耦合等离子体原子发射光谱方法通则[125]操作。

2.3 焙烧对伊利石晶体结构的影响

伊利石在高温焙烧过程中,会发生晶体结构变化和物相改变。为认识晶体结构变化和物相改变的规律,采用TG-DSC、FTIR和XRD等手段对这一问题进行研究。

2.3.1 伊利石晶体结构

伊利石是一种含钾的黏土矿物,结构及成分与白云母相似,K_2O含量较白云母少，而 SiO_2、H_2O 含量比白云母多，因此常被称作水白云母，其化学式常写作 $KAl_2[AlSi_3O_{10}](OH)_2 \cdot nH_2O]$。伊利石有二八面体和三八面体两种类型，但常见的主要是二八面体型的伊利石。伊利石为层状结构硅酸盐矿物，2∶1 型伊利石晶体结构如图 2－2 所示[126]。

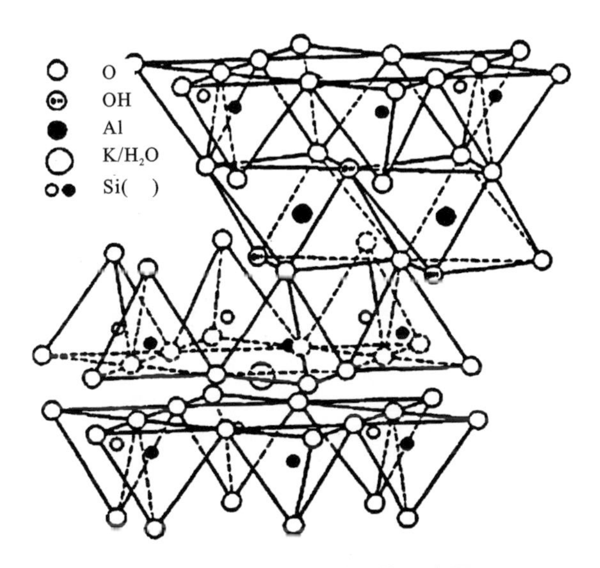

图 2－2　伊利石晶体结构示意图

伊利石结构单元层由两层[SiO_4]硅氧四面体层、中间夹一层[$Al_2O(OH)_4$]八面体所组成。在硅氧四面体和铝氧八面体中，均可发生阳离子交换。在硅氧四面体中，有 1/6 Si 常被 Al 替代；铝氧八面体中，阳离子交换较少，也有 Mg^{2+} 取代 Al^{3+} 的现象。由于四面体中 Si 被 Al 替代，引起正电荷亏损，因而碱金属及碱土金属进入到层间，补偿电荷。进入层间的离子通常为 K^+，Na^+ 和 Ca^{2+} 亦可进入。钾离子进入层间，并恰好嵌在上下两个四面体晶片间氧原子的六方网眼中。伊利石单元层之间由(001)面上较微弱的离子键和分子键连接起来，故在解离时也主要沿(001)面断裂。

2.3.2　伊利石 TG－DSC 分析

图 2－3 为伊利石 TG－DSC 曲线。在 100℃左右的低温区间，DSC 曲线上有一小的吸热谷，对应的 TG 曲线上有微量失重，此为伊利石脱除吸附水和层间水。在 580～600℃与 780～800℃温度区间，分别出现两个吸热谷，均为伊利石脱除羟基[127]，对应的质量变化为 4.1% 左右。在 1010～1030℃温度区间，有一个小的放热峰，为伊利石在此温度下发生相变所致。

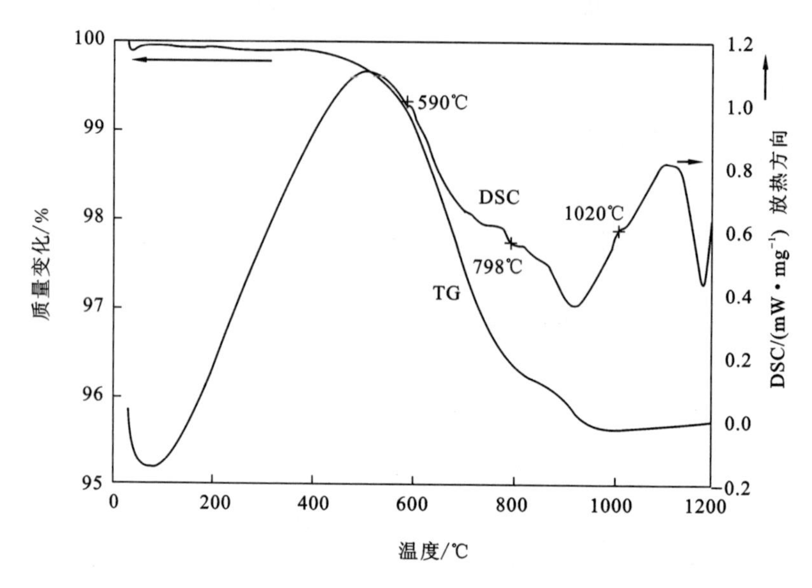

图2-3 伊利石TG-DSC曲线

2.3.3 伊利石焙烧样FTIR分析

矿物的红外光谱可反映其成分及结构特征。为确定在焙烧过程中，伊利石晶体结构的变化规律，采用红外光谱技术，对伊利石原矿及其在不同温度下焙烧后的样品进行了分析，结果分别见图2-4到图2-8。

图2-4为伊利石原矿的红外光谱图。图2-4中伊利石矿的红外光谱图包括Si-O振动、OH和层间水的振动以及M—O振动三种类型[128]。其谱线可大致分为三个区域[129]：3640 cm^{-1} ~3610 cm^{-1}区间为OH伸缩振动吸收带；1080~960 cm^{-1}和810~660 cm^{-1}均为Si(Al^{IV})-O伸缩振动吸收带，前者强吸收带，后者为弱吸收带；Si(Al^{IV})—O弯曲振动、M—O伸缩振动以及OH平动吸收带主要在600 cm^{-1}以下频率区间。

图2-4中谱线具体归属如下(依波数从高到低)[129~131]：3638 cm^{-1}处为OH伸缩振动吸收带，为一中等强度窄带，属Al_2OH振动；3435 cm^{-1}处为水的伸缩振动吸收带，吸收强度中等，带较宽；1625 cm^{-1}为水的弯曲振动吸收带；1024 cm^{-1}为Si—O伸缩振动强吸收带，其吸收强度大，峰较尖锐；933 cm^{-1}、827 cm^{-1}吸收带均由Al_2OH摆动产生，其中827 cm^{-1}属OH面外摆动；805.0 cm^{-1}、755 cm^{-1}、686 cm^{-1}三个吸收带属Si—O—Si(Al^{IV})伸缩振动，其中755 cm^{-1}吸收带与四面体中Al^{IV}有关，应属Si—O—Al^{IV}振动；600 cm^{-1}以下的低频区间为Si—O弯曲振动、

M—O 振动和 OH 的平动耦合区，其中，538 cm^{-1}和 479 cm^{-1}均为 Si—O 弯曲振动吸收带。

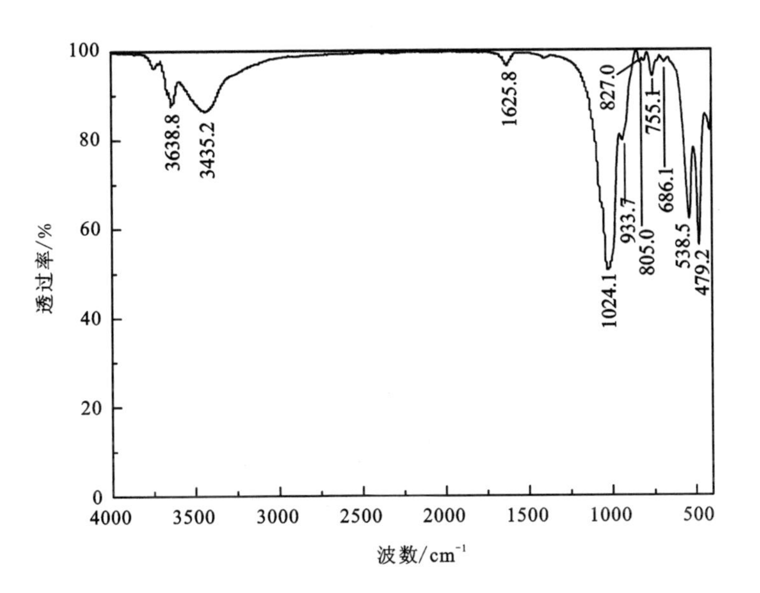

图 2-4　伊利石红外光谱图

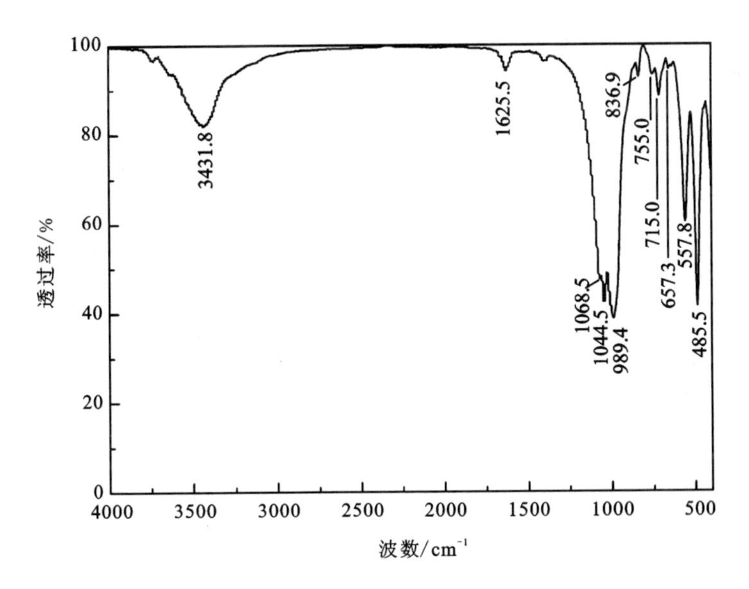

图 2-5 伊利石 600℃焙烧 3 h 后红外光谱图

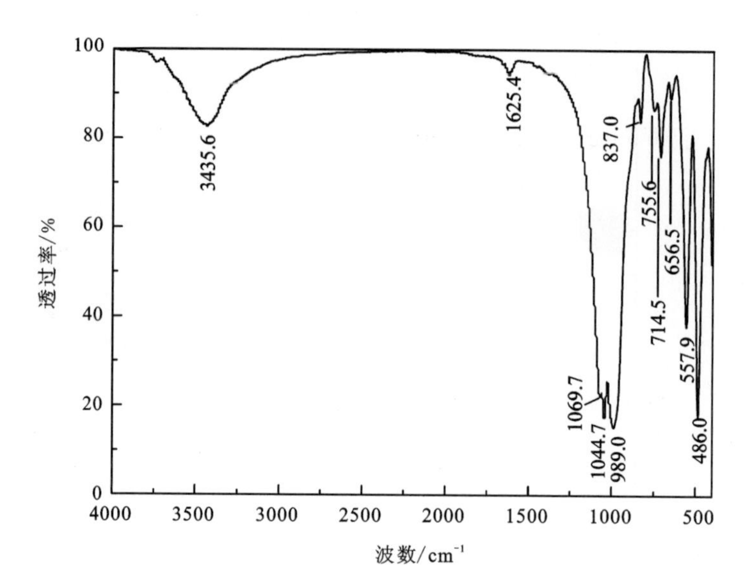

图 2－6　伊利石 750℃焙烧 3 h 后红外光谱图

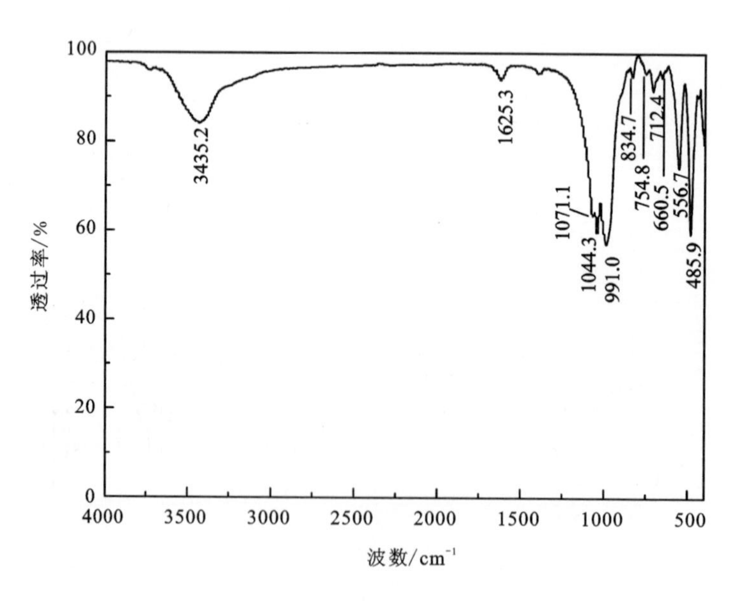

图 2－7　伊利石 850℃焙烧 3 h 后红外光谱图

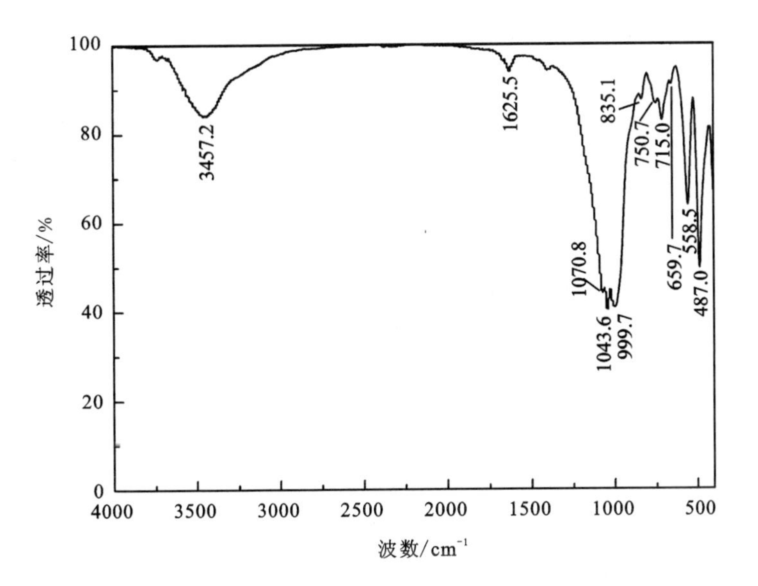

图 2-8　伊利石 1050℃焙烧 3 h 后红外光谱图

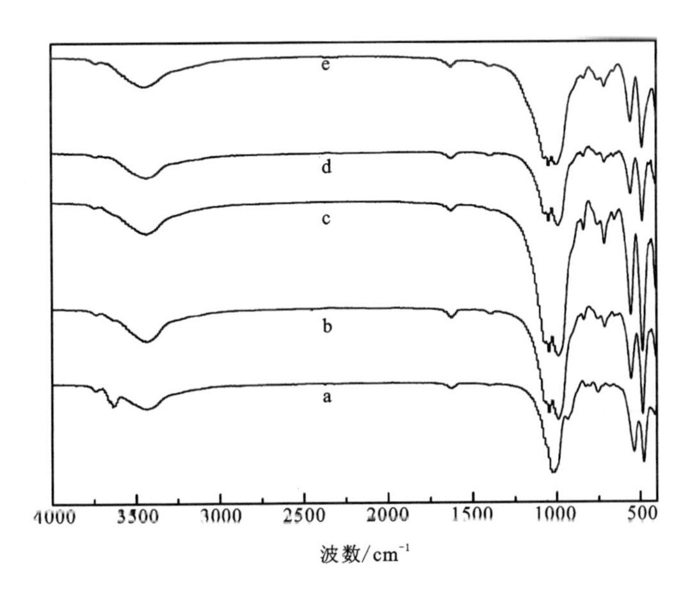

图 2-9　伊利石不同温度下焙烧后红外光谱图对比

(a)伊利石原矿；(b)600℃焙烧 3 h；(c)750℃焙烧 3 h；

(d)850℃焙烧 3 h；(e)1050℃焙烧 3 h

图2－5、图2－6、图2－7、图2－8分别为伊利石在600℃、750℃、850℃、1050℃焙烧3 h后得到的样品红外光谱图。

对比图2－5和图2－6可以看出，在600℃焙烧3 h后，伊利石红外光谱图发生明显的变化。最明显的变化是，3638 cm^{-1} OH伸缩振动吸收带、933 cm^{-1}和827 cm^{-1} OH摆动吸收带基本消失，反映出羟基在焙烧过程中被脱除，这与TG－DSC分析结果是一致的。同时，伊利石原矿中1024 cm^{-1} Si－O伸缩振动吸收带分裂为1068 cm^{-1}、1044 cm^{-1}和989 cm^{-1}三个吸收带，这在一定程度上反映出Si－O四面体原子间键长、键能、电荷平衡和结构等方面发生变化。此外，与四面体有关的805 cm^{-1}吸收带消失，出现了836 cm^{-1}、715 cm^{-1}两个新的吸收带，686 cm^{-1}吸收带也向低频方向移动到657 cm^{-1}位置；在600 cm^{-1}以下范围，Si－O弯曲振动吸收带向高频率方向移动到557 cm^{-1}和485 cm^{-1}。

对比图2－5、图2－6、图2－7可发现，焙烧温度从600℃升高到850℃，对应样品的红外光谱图仅Si－O伸缩振动和弯曲振动吸收强度有变化，吸收带位置未发生明显的变化。

表2－2　伊利石不同温度焙烧后红外光谱图频率变化　单位：cm^{-1}

振动类型	焙烧条件				
	原矿	600℃ 3 h	750℃ 3 h	850℃ 3 h	1050℃ 3 h
OH伸缩振动	3638.8	—	—	—	—
OH摆动	933.7	—	—	—	—
	827.0	—	—	—	—
水伸缩振动	3435.2	3431.8	3435.6	3435.2	3457.2
水弯曲振动	1625.8	1625.5	1625.4	1625.3	1625.5
Si(Al^{IV})—O(Al)或Si—O—Si(Al^{IV})伸缩振动	—	1068.5	1069.7	1071.1	1070.8
	1024.1	1044.5	1044.7	1044.3	1043.6
	—	989.4	989.0	991.0	999.7
	805.0 755.1 686.0	836.9	837.0	834.7	835.1
		755.0	755.6	754.8	750.7
		715.0	714.5	712.4	715.0
		657.3	656.5	660.5	659.7
Si—O弯曲振动	538.5	557.8	557.9	556.7	558.5
	479.2	485.5	486.0	485.9	487.0

图2－8为伊利石在1050℃焙烧3 h后的红外光谱图，和图3－6对比，1044 cm^{-1}和990 cm^{-1}两处的吸收带相对强度发生变化。在图2－5到图2－7中，1044 cm^{-1}吸收带的吸收强度小于990 cm^{-1}吸收带的吸收强度，图2－8中，前者吸收强度大于后者，表明在此焙烧温度下，四面体结构进一步发生畸变。

由上述讨论可知，伊利石在焙烧过程中，随着羟基的脱除，八面体失去其原有稳定性，结构发生调整；四面体在高温焙烧过程中，原子间键长、键角及键能等参数发生变化，导致四面体结构不断调整、变形。

2.3.4 伊利石焙烧样 XRD 分析

为了确定焙烧过程中伊利石物相、结构的变化规律，采用X射线粉晶衍射技术，对伊利石及其在不同温度下焙烧后的样品进行了分析。

图2－10为伊利石原矿的XRD分析图谱，从图谱可以看出，伊利石纯度较高，含杂质较少。其最强的三个衍射峰（1#、5#、2#）对应的晶面分别为（002）、（006）、（004）晶面，这三个衍射峰均为伊利石特征衍射峰，其他一些主要的衍射峰及其对应的晶面见图2－10上标注。

图2－11为伊利石在600℃焙烧3 h后样品的XRD图谱，对比图2－11和图2－10可以发现，600℃焙烧3 h后，伊利石原矿中最强衍射峰（1#）强度明显减小，2#（004）、5#（006）、6#（131）、7#（136）等衍射峰的强度也减小，图2－10中的8#（－3，3，1）衍射峰在图2－11中基本消失。由此可见，被破坏的主要是（－3，3，1）晶面与（002）晶面，这与八面体脱除羟基所引起的结构调整有关。

图2－11中，各晶面对应的d值与图2－10相比，均有所增加，d（002）、d（004）、d（110）、d（－1，1，4）、d（006）、d（131）、d（136）分别由原矿对应的0.998813 nm、0.499529 nm、0.444722 nm、0.348752 nm、0.333285 nm、0.255398 nm、0.200063 nm增加到1.002236 nm、0.501853 nm、0.449002 nm、0.351303 nm、0.334907 nm、0.259182 nm、0.2001210 nm。d值的增加是由于伊利石在焙烧过程中发生线性膨胀所致，由于层与层之间作用力最弱，故这种膨胀主要是沿c轴方向进行的[132]。从表2－3中可显著看出这种膨胀现象的存在，表2－3中，垂直c轴方向的（002）、（004）和（006）晶面所对应的d值随焙烧温度的提高而增加，温度越高，d值越大，膨胀越厉害。1050℃焙烧3 h后，（002）晶面对应d值由焙烧前的0.998813 nm增加到1.006926 nm。

图2－12为伊利石在750℃焙烧3 h后样品的XRD图谱，与图2－11对比，图谱基本相同。焙烧温度提高到850℃（图2－13），除（002）晶面对应的衍射峰强度有所减小外，其他衍射强度均基本保持不变。焙烧温度为1050℃时（图2－14），各主要的衍射峰强度大幅度减小，表明伊利石层状结构被破坏。同时，在2θ角为16°左右的位置，出现一个新的衍射峰，为莫来石衍射峰，说明开

始有莫来石生成。若继续提高焙烧温度，层状结构将进一步被破坏，将促进伊利石向莫来石转化。

表2-3 不同温度焙烧下样品XRD衍射*d*值比较

	*d*值					
衍射峰	晶面	原矿	600℃	750℃	850℃	1050℃
1	002	9.98813	10.02236	10.03938	10.04733	10.06926
2	004	4.99529	5.01853	5.02192	5.02396	5.03570
3	110	4.44722	4.49002	4.49214	4.48600	4.49462
4	-1, 1, 4	3.48752	3.51303	3.51498	3.51484	3.51435
5	006	3.33285	3.34907	3.35058	3.35145	3.35863
6	131	2.55398	2.59182	2.58946	2.59008	2.59000
7	136	2.00063	2.01210	2.01208	2.01269	2.01588
8	-3, 3, 1	1.49668	—	—	—	—

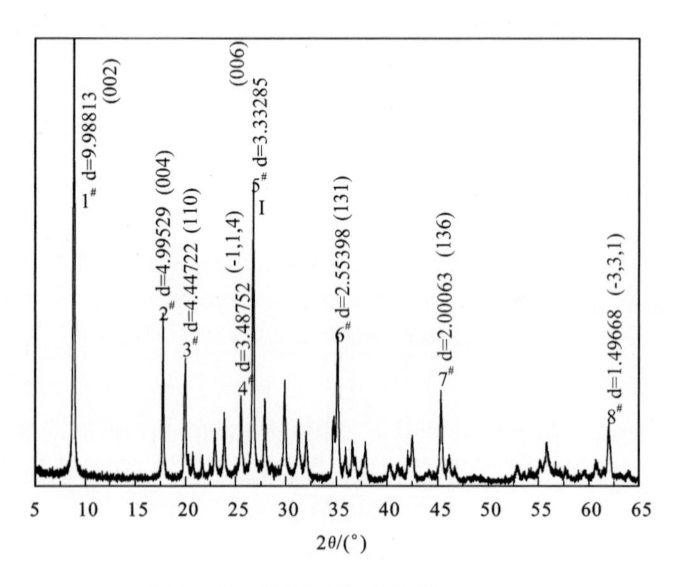

图2-10 伊利石XRD图谱

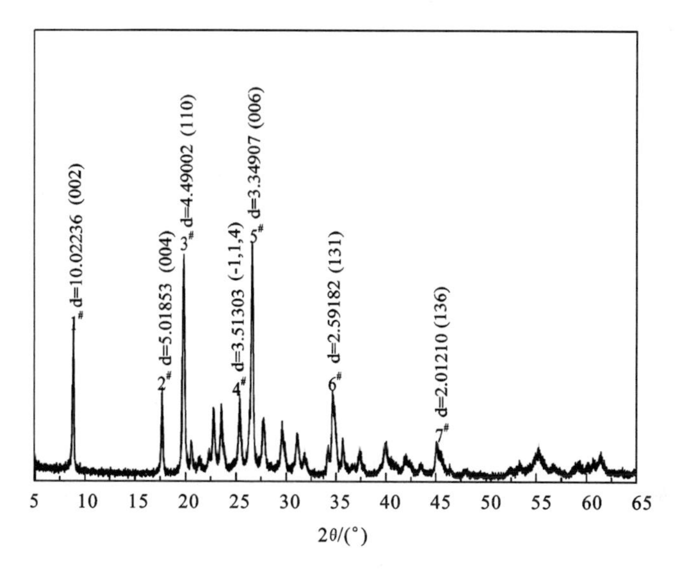

图 2－11　伊利石 600℃焙烧 3 h 后 XRD 图谱

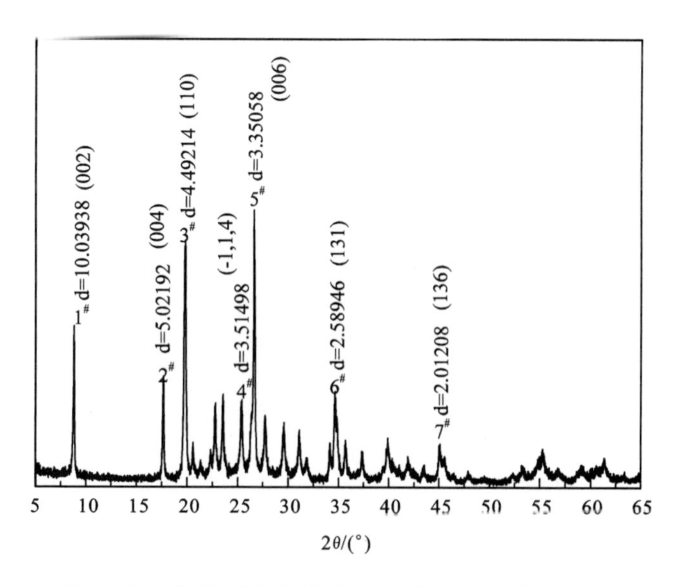

图 2－12　伊利石 750℃焙烧 3 h 后 XRD 图谱

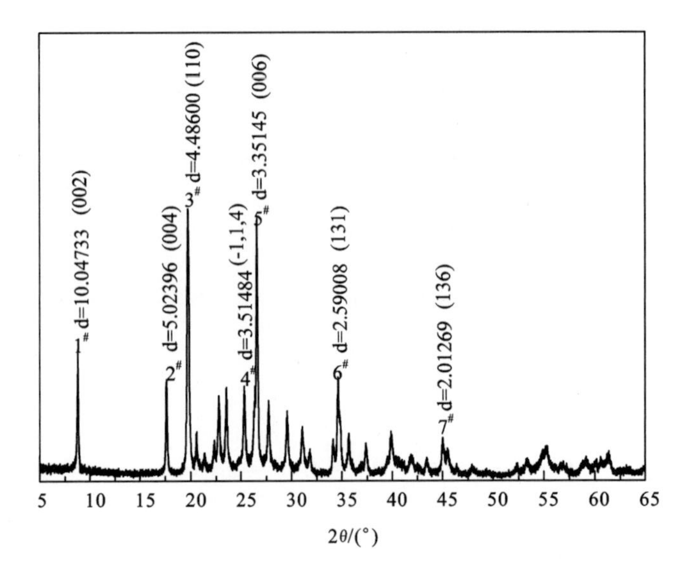

图2-13 伊利石850℃焙烧3 h后XRD图谱

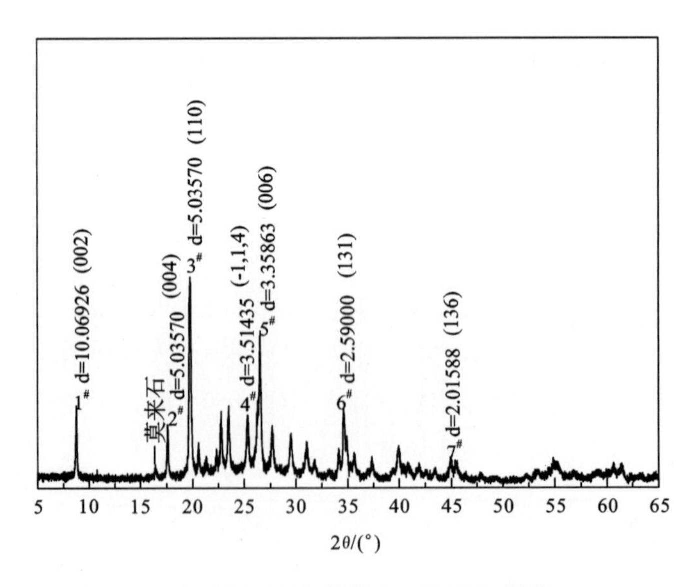

图2-14 伊利石1050℃焙烧3 h后XRD图谱

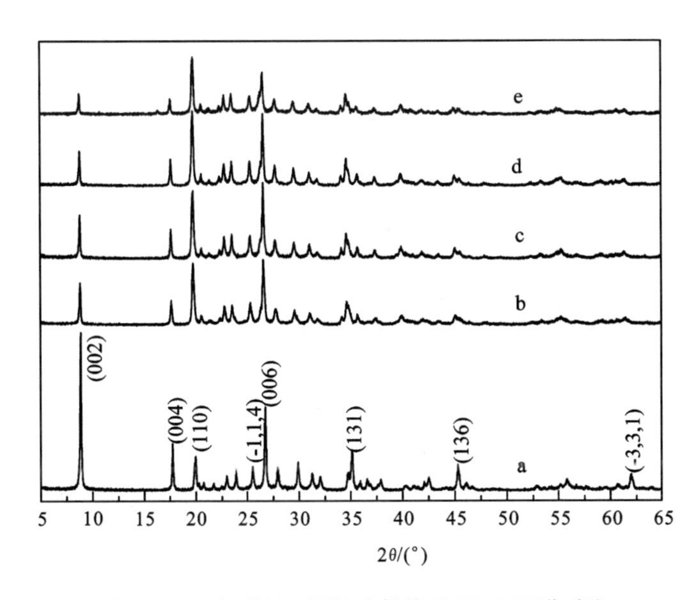

图 2-15 伊利石不同温度焙烧后 XRD 图谱对比

a—伊利石；b—600℃焙烧 3 h；c—750℃焙烧 3 h；
d—850℃焙烧 3 h；e—1050℃焙烧 3 h

综合 TG-DSC、FTIR 和 XRD 的分析结果，并结合相关文献[127, 129, 131, 133]的研究结果，对于伊利石在焙烧过程中物相、晶体结构变化情况，可大致获得以下认识：

(1)伊利石在低温下(100℃左右)脱除吸附水和层间水；在 600～800℃范围内，脱除羟基；在 1050℃左右时，伊利石向莫来石转变。

(2)焙烧过程中羟基的脱除造成伊利石晶体结构电价平衡破坏，原子间键连接减弱，为使电价平衡及组成新的配位形式，伊利石晶体结构开始松弛，并发生膨胀，四面体和八面体结构发生调整、变形，结构调整主要沿着 c 轴方向进行。

(3)伊利石焙烧过程中，四面体层和八面体层结构均发生调整，结构调整后，仍可保持基本的层状骨架；当焙烧温度达到 1050℃时，有莫来石生成，层状骨架破坏。

2.4 焙烧对伊利石在硫酸中溶解行为的影响

高温焙烧使伊利石晶体结构发生调整与变形，这种结构上的变化对伊利石在酸中的溶解性能有何影响是本节研究的问题。通过 ICP-AES 测定伊利石中主要元素 Al、K 和 Si 在酸溶解液中的浓度，来考察未焙烧过的伊利石原矿和焙烧后的伊利石在硫酸中的溶解行为差异。两种样品的溶解条件相同，均为：溶解温度

95℃，硫酸浓度为 3 mol/L、液固比 5∶1、搅拌速度为 600 r/min。经焙烧处理过的伊利石为在 750℃焙烧 3 h 后的伊利石样品。

2.4.1　伊利石中 Al、K 和 Si 的溶出

图 2－16 为伊利石在硫酸中溶解一定时间后，Al 和 K 在溶液中的浓度与溶解时间的关系图。由图 2－16 可以看出，随溶解时间延长，Al 和 K 在溶液中的浓度均增加，且 Al 浓度增加趋势比 K 要大。溶解时间由 1 h 延长到 12 h，Al 浓度 26.86 mmol/L 提高到 77.56 mmol/L，K 浓度由 11.2 mmol/L 提高到 25.32 mmol/L。

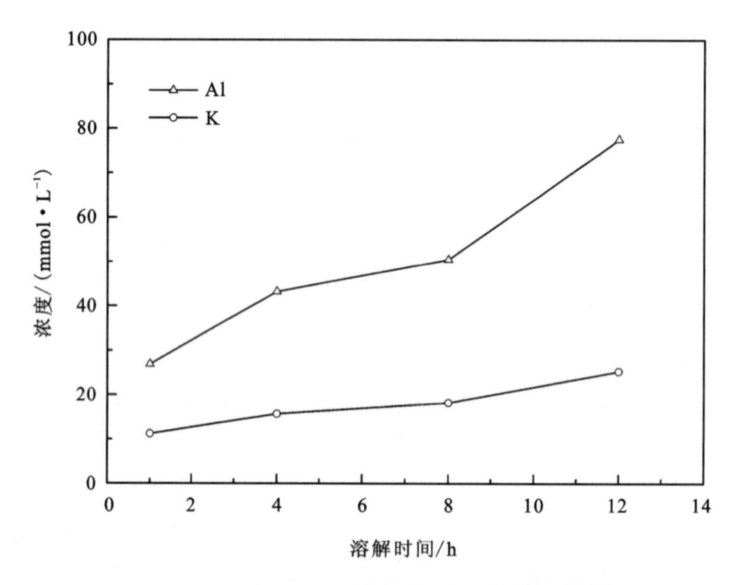

图 2－16　伊利石中 Al 和 K 溶出量与溶解时间关系

（3 mol/L H_2SO_4，95℃，液固比 5∶1，600 r/min）

由伊利石晶体结构可知，伊利石中 Al 主要有两种类型，一是八面体中的 Al，为六配位 Al；一是取代四面体中 Si 的 Al，为四配位 Al，四面体中有 1/6 的 Si 为 Al 所取代[134]。不同配位形式的 Al，其所处化学环境不同，溶出难易程度亦不同。在[AlO_6]八面体中，Al－O 键键长为 0.19 nm 左右，而在[AlO_4]四面体中，Al－O 键键长为 0.1716 nm，四面体中的 Al－O 键要强于八面体中的 Al－O 键。相对来说，八面体中的 Al 更易溶出。

伊利石中 K 主要赋存在结构单元层间，单元层之间靠较微弱的离子键和分子键连接，当颗粒破碎时，离子键和分子键会断裂，从而使层间的 K 离子暴露在颗粒表面。酸溶解过程中，K^+ 与 H^+ 发生交换而进入溶液。

图 2－17 为 Si 在溶液中浓度与溶解时间的关系图。由图 2－17 知，Si 在溶液

中的浓度较低，为3 mmol/L左右，且随溶解时间延长，Si浓度降低；直到溶解8 h后，Si浓度基本不随溶解时间延长而变化。

Si在溶液中浓度随溶解时间延长而降低的现象，与Si在溶液中溶解度有关。通常认为，Si在酸溶液中以$H_4SiO_{4(aq)}$形式存在[135]，随浸出时间延长，Si浓度减小，这是浸出液中SiO_2发生絮凝沉淀所致，在坡缕石的酸溶解过程中，也存在类似情况[136]。

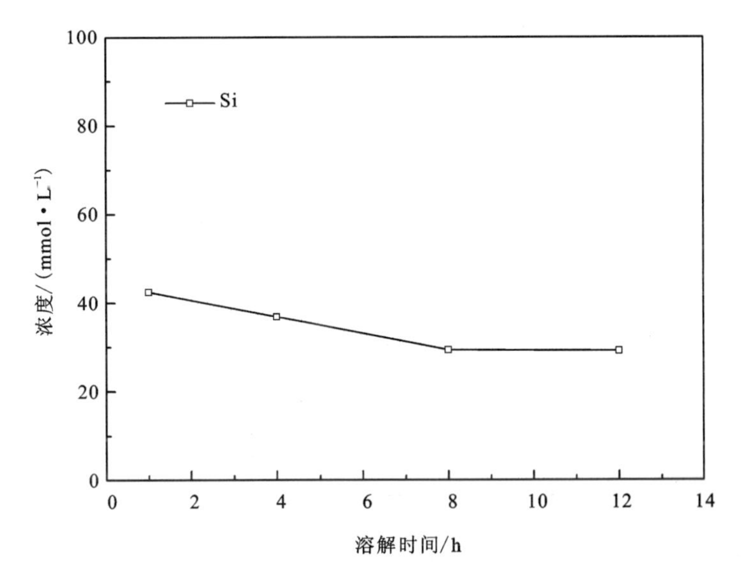

图2-17　伊利石中Si溶出量与溶解时间关系

3 mol/L H_2SO_4，95℃，液固比5∶1，600 r/min

2.4.2　伊利石焙烧样中Al、K和Si的溶出

图2-18为伊利石焙烧样在硫酸中溶解一定时间后，Al和K在酸溶液中浓度与溶解时间的关系图。由图可以看出，Al和K在酸液中浓度随溶解时间的延长而增加，同样地，Al浓度增加趋势比K明显。

图2-19为伊利石焙烧样溶出的Si在溶液中浓度与溶解时间的关系图，由图可看出，酸液中Si浓度随溶解时间的延长而降低，溶解时间由8 h延长到12 h，Si在酸中的浓度基本无变化。

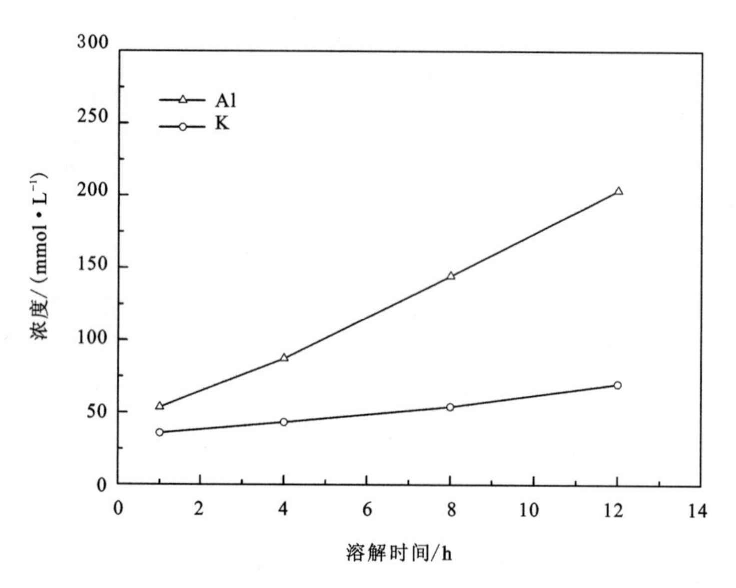

图 2-18　伊利石焙烧后 Al 和 K 溶出量与溶解时间关系

(3 mol/L H_2SO_4, 95℃, 液固比 5∶1, 600 r/min)

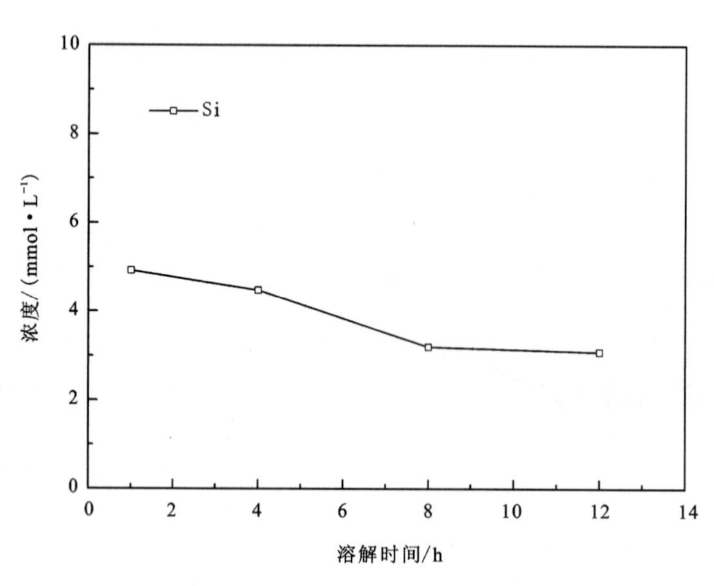

图 2-19　伊利石焙烧后 Si 溶出量与溶解时间关系

(3 mol/L H_2SO_4, 95℃, 液固比 5∶1, 600 r/min)

2.4.3 焙烧对 Al、K 和 Si 溶出的影响

图2－20、图2－22和图2－23分别为伊利石焙烧前后，Al、K和Si的溶出情况比较。由图2－20可以看出，溶解相同时间，伊利石焙烧样与伊利石原矿相比，前者Al溶出量远大于后者；并且，从Al在酸溶液中的浓度随溶解时间变化的曲线来看，前者的斜率比后者大，说明了随溶解时间延长，两种样品中Al溶解趋势的差异增大。

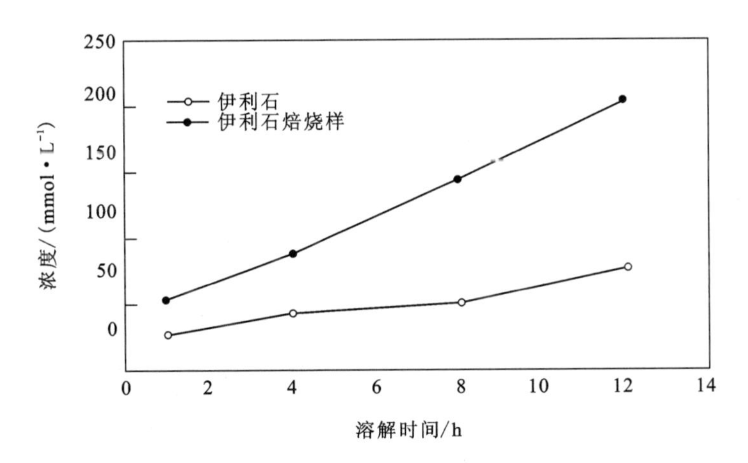

图2－20 伊利石焙烧前后Al溶出量比较

(3 mol/L H_2SO_4，95℃，液固比5∶1，600 r/min)

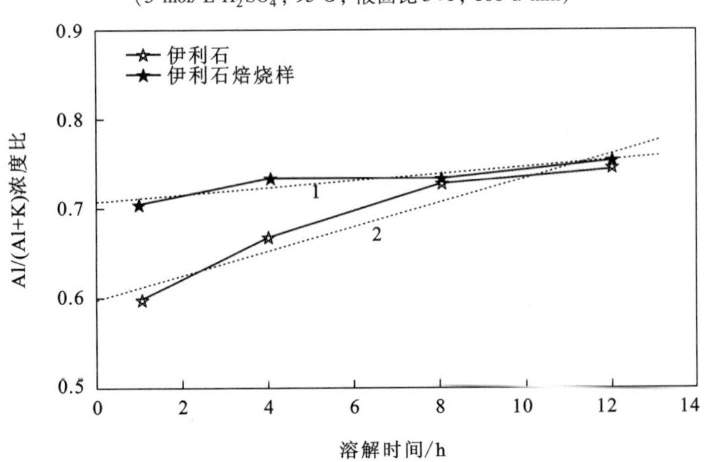

图2－21 伊利石焙烧前后Al与(Al＋K)溶出量关系

1－伊利石；2－伊利石焙烧样

(3 mol/L H_2SO_4，95℃，液固比5∶1，600 r/min)

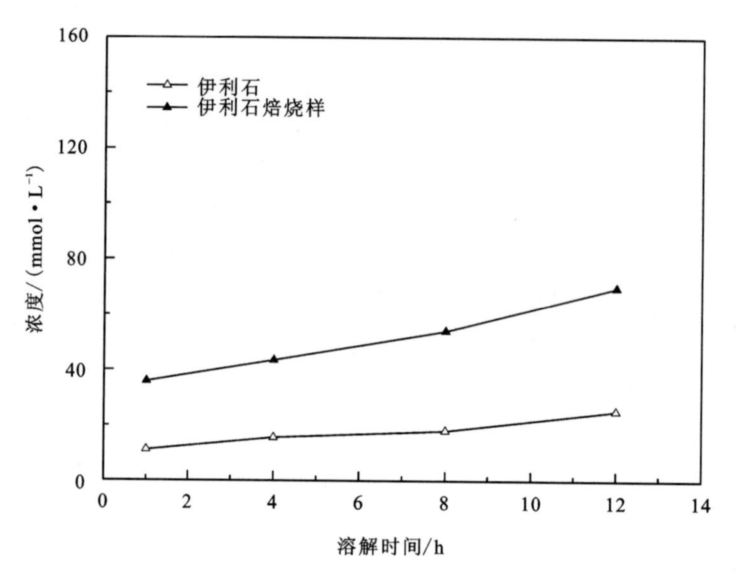

图2-22 伊利石焙烧前后K溶出量比较

(3 mol/L H_2SO_4, 95℃, 液固比5∶1, 600r/min)

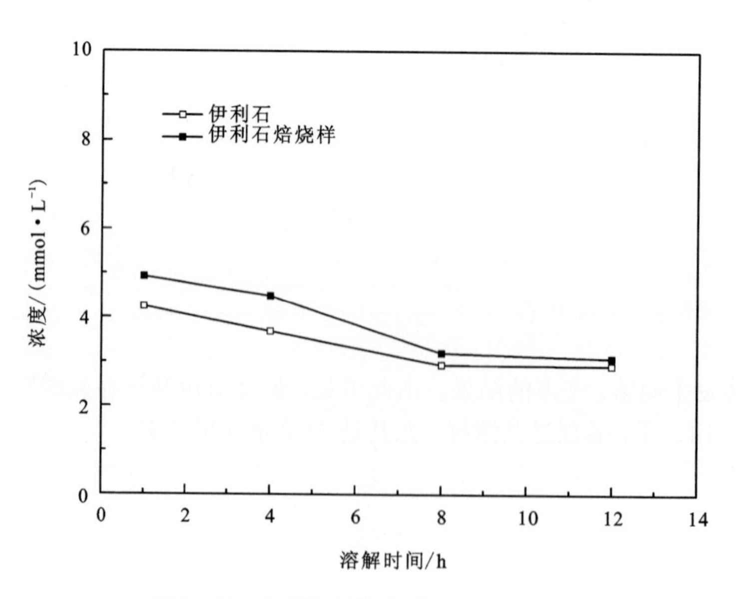

图2-23 伊利石焙烧前后Si溶出量比较

(3 mol/L H_2SO_4, 95℃, 液固比5∶1, 600r/min)

图2－21为两种样品中Al溶出量与(Al＋K)溶出量比值与溶解时间的关系图。图中，1线为伊利石原矿Al/(Al＋K)溶出量比值的拟合线，2线为伊利石焙烧样Al/(Al＋K)溶出量比值的拟合线。求得1线斜率为0.00385，2线斜率为0.01324，2线斜率为1线斜率的3.4倍左右，斜率增大，这同样说明了两种样品中Al溶解趋势差异随溶解时间的延长而变大。

伊利石在750℃焙烧后，八面体脱除羟基，失去其原有稳定性，导致八面体中Al配位方式发生变化，Al受到的“束缚力”减小，在酸溶解过程中，更容易与H^+发生交换，故而溶液中Al浓度比焙烧前显著增加。对焙烧过的伊利石来说，随溶解时间延长，酸对晶体结构的溶蚀加剧，溶蚀的加剧进一步改变尚未溶解部分Al的存在状态，使其变得更易溶出；而对伊利石原矿来说，溶解时间延长，不会促使尚未溶解的Al溶解趋势增大，这可认为是焙烧过的伊利石样品溶解曲线斜率大于未焙烧过的伊利石的原因。

由图2－22可以看出，同等条件下，伊利石焙烧样与伊利石原矿相比，前者K溶出量远大于后者；从K在酸溶液中的浓度随溶解时间变化的曲线来看，二者接近平行，可见，两种样品中K的溶解趋势差异并没有随溶解时间延长而发生变化。在焙烧过程中，伊利石脱除层间水、脱除羟基，单元层结构发生调整，这些变化均会导致层间的K活性增强，这在云母类矿物活化释钾的相关研究中已经得到证实[137]。伊利石焙烧样在酸中溶解时，由于K活性增强，H^+对K^+的置换增加，故而K溶出量比未焙烧时大。

从图2－23可以看出，伊利石焙烧样与伊利石原矿相比，溶解4 h左右时，前者所溶出的Si在酸溶液中浓度比后者要高0.6～0.8 mmol/L，但这种浓度差随溶解时间延长而减小，溶解12 h时，浓度差仅为0.17 mmol/L。伊利石焙烧后，Si在酸中溶出量仍然很小，但与未焙烧伊利石相比，溶出量增加，这也反映出焙烧促使四面体结构发生调整，这种调整亦在一定程度上增加了Si在酸中的溶出活性。

由上述讨论可发现，与伊利石原矿相比，焙烧后伊利石中Al、K和Si在酸溶液中的浓度增加，Al、K和Si在酸中溶解趋势加大，这是伊利石晶体结构中四面体与八面体发生调整、变形的结果。由此可见，焙烧对伊利石在硫酸中的溶解具有“活化”作用，可显著促进其溶解，尤其是Al在酸中的溶解。

2.5 本章小结

本章通过TG－DSC、FTIR、XRD和ICP－AES等研究手段，研究了伊利石在焙烧过程中的晶体结构变化规律，以及焙烧对伊利石在硫酸溶液中溶解行为的影响，获得了以下结论：

(1)伊利石在低温下(100℃左右)脱除吸附水和层间水；在600～800℃，脱除羟基；1050℃左右时，向莫来石转变，层状结构被破坏。

(2)伊利石在焙烧过程中吸附水和层间水的失去、羟基的脱除等变化，导致晶体结构中电价平衡、原子间键参数、中心原子配位方式等发生改变，从而使八面体和四面体结构发生相应调整、变形。

(3)伊利石晶体结构中八面体和四面体的结构调整、变形，使 Al、K 和 Si 赋存化学环境发生变化，溶出活性增加；八面体中 Al 溶出活性增加尤为显著，焙烧后，其在硫酸中溶出量大幅度增加。

(4)焙烧对伊利石中 Al、K 和 Si 在硫酸中的溶出具有活化作用，可促进三者在酸溶液中的溶出；石煤矿石中，V 取代 Al 而赋存在伊利石晶格中，可以推断，焙烧同样可以活化伊利石中 V 在酸中的溶出。

第3章　石煤氧化焙烧过程研究

3.1　引言

目前绝大部分石煤提钒工艺，都涉及焙烧过程，甚至可以说，焙烧是石煤提钒必不可少的步骤。石煤焙烧过程，是石煤中相关物质发生物理化学反应、物相变化的过程。在此过程中，含钒物质和非含钒物质会发生相关变化，并且，后者可对前者产生影响。石煤的组成矿物在焙烧过程中所发生的变化，必然促使石煤矿石自身的物理性质发生改变。含钒物质在焙烧过程中的变化，可使钒赋存状态发生改变，从而改变其浸出性能。

现在对石煤焙烧过程中的相关机理虽有一定的研究工作，但总体来说不够深入。深化这方面的研究工作，无论是对利用石煤发电，还是对选择合理的提钒焙烧工艺，均具有重要的指导意义。

本章讨论了含钒矿物伊利石在焙烧过程中结构与物相的变化规律，及焙烧对伊利石在酸中溶解行为的影响。在此基础上，本章先从热力学上讨论石煤在焙烧过程中可能发生的主要化学反应，然后通过 TG - DSC、XRD、SEM 和孔结构分析等手段对焙烧过程中矿物相变、焙烧渣形貌与孔隙结构等进行了研究，最后，探讨了焙烧过程中钒价态变化规律及其与钒浸出之间的关系。

3.2　石煤焙烧过程热力学分析

石煤焙烧过程中主要发生哪些化学反应？这些反应进行的程度如何？外界条件对焙烧反应有何影响？为认识清楚这些问题，对石煤焙烧过程进行了热力学分析。由于石煤的物质组成极其复杂，对焙烧过程中每一个反应都进行讨论是不必要的，故只研究主要的化学反应。

3.2.1　吉布斯自由能 - 温度关系式计算方法

采用捷姆金 - 许华兹曼速算式得出 $\Delta G^{\ominus} - T$ 关系式[138]，依据 $\Delta G^{\ominus} - T$ 关系式绘制 Ellingham 图。

根据热力学第二定律，在等温等压条件下

$$\Delta G^{\mathrm{T}} = \Delta H^{\mathrm{T}} - T\Delta S^{\mathrm{T}} \tag{3-1}$$

已知

$$\Delta H^{T} = \Delta H_{298}^{\ominus} + \int_{298}^{T} \Delta C_p \mathrm{d}T \tag{3-2}$$

式(3－2)中ΔC_p为生成物与反应物的热容差，即：

$$\Delta C_p = (\sum C_p)_{生成物} - (\sum C_p)_{反应物} \tag{3-3}$$

而

$$C_p = a_0 + a_1 T + a_2 T^2 (或\ a_{-2} T^{-2}) \tag{3-4}$$

故而

$$\Delta C_p = \Delta a_0 + \Delta a_1 T + \Delta a_2 T^2 + \Delta a_{-2} T^{-2} \tag{3-5}$$

对于热容C_p的三项式一般常用$C_p = a_0 + a_1 T + a_{-2} T^{-2}$。

式(3－2)中

$$\Delta H_{298}^{\ominus} = (\sum \Delta H_{298生}^{\ominus})_{生成物} - (\sum \Delta H_{298生}^{\ominus})_{反应物} \tag{3-6}$$

已知

$$\Delta S^{T} = \Delta S_{298}^{\ominus} + \int_{298}^{T} \frac{\Delta C_p \mathrm{d}T}{T} \tag{3-7}$$

式(3－7)中

$$\Delta S_{298}^{\ominus} = (\sum S_{298}^{\ominus})_{生成物} - (\sum S_{298}^{\ominus})_{反应物} \tag{3-8}$$

将式(3－2)、式(3－7)代入到式(3－1)：

$$\begin{aligned}\Delta G^{T} &= \Delta H_{298}^{\ominus} - T\Delta S_{298}^{\ominus} + \left(\int_{298}^{T} \Delta C_p \mathrm{d}T - T\int_{298}^{T} \frac{\Delta C_p \mathrm{d}T}{T}\right) \\ &= \Delta H_{298}^{\ominus} - T\Delta S_{298}^{\ominus} - T\left(-\frac{1}{T}\int_{298}^{T} \Delta C_p \mathrm{d}T - \int_{298}^{T} -\frac{1}{T}\Delta C_p \mathrm{d}T\right)\end{aligned} \tag{3-9}$$

根据分部积分法公式，式(3－9)可变换为：

$$\begin{aligned}\Delta G^{T} &= \Delta H_{298}^{\ominus} - T\Delta S_{298}^{\ominus} - T\left(\int_{298}^{T}\int_{298}^{T} \Delta C_p \mathrm{d}T \cdot \frac{\mathrm{d}T}{T^2}\right) \\ &= \Delta H_{298}^{\ominus} - T\Delta S_{298}^{\ominus} - T\left(\int_{298}^{T} \frac{\mathrm{d}T}{T^2}\int_{298}^{T} \Delta C_p \mathrm{d}T\right)\end{aligned} \tag{3-10}$$

将式(3－8)代入到式(3－10)：

$$\Delta G^{T} = \Delta H_{298}^{\ominus} - T\Delta S_{298}^{\ominus} - T\left[\int_{298}^{T} \frac{\mathrm{d}T}{T^2}\int_{298}^{T} (\Delta a_0 + \Delta a_1 T + \Delta a_2 T^2 + \Delta a_{-2} T^{-2})\mathrm{d}T\right]$$

展开后得：

$$\begin{aligned}\Delta G^{T} = \Delta H_{298}^{\ominus} - T\Delta S_{298}^{\ominus} - T[&\Delta a_0 (\ln\frac{T}{298} + \frac{298}{T} - 1) + \Delta a_1 (\frac{T}{2} + \frac{298^2}{2T} - 298) + \\ &\Delta a_2 (\frac{T^2}{6} - \frac{298^2}{2} + \frac{298^3}{3T}) + \Delta a_{-2} \times \frac{1}{2}(\frac{1}{298} - \frac{1}{T})]\end{aligned} \tag{3-11}$$

式(3－11)中括号内各项仅与温度有关，以M_0、M_1、M_2、M_{-2}代替，可得：

$$\Delta G^{T} = \Delta H_{298}^{\ominus} - T\Delta S_{298}^{\ominus} - T(\Delta a_0 M_0 + \Delta a_1 M_1 + \Delta a_2 M_2 + \Delta a_{-2} M_{-2}) \tag{3-12}$$

式(3－12)中各反应物和生成物的 $\Delta H_{298}^{\ominus}$、$S_{298}^{\ominus}$、a_0、a_1、a_2、a_{-2} 以及 M_0、M_1、M_2、M_{-2} 均可由热力学数据相关资料查到，代入式(3－12)后，即可求得 $\Delta G^{\ominus}-T$ 关系式。$\Delta G^{\ominus}=f(T)$ 的关系几乎是一条直线，故可以用数理统计中的回归分析法得出 $\Delta G^{\ominus}-T$ 的二项式：$\Delta G^{\ominus}=A+BT$，A、B 为常数。

3.2.2　热力学分析

1. 有机质氧化

石煤中通常都含碳，主要是有机质中碳(碳氢化合物中碳、非结合态碳)和碳酸盐中碳，有些石煤中还含有石墨化碳。碳氢化合物中碳和非结合态碳在焙烧过程中均可被氧化，主要反应及 $\Delta G^{\ominus}-T$ 关系式见表 3－1。依据表 3－1 中各关系式，作图，得图 3－1。

表 3－1　碳氧系主要反应及 $\Delta G^{\ominus}-T$ 关系式

反应方程式	$\Delta G^{\ominus}-T$ 关系式	编号
$2C_mH_n + mO_2 = 2mCO + nH_2$	—	(3－13)
$H_2 + 2O_2 = 2H_2O$	$\Delta G^{\ominus} = -503921 + 117.36T$, J	(3－14)
$C + CO_2 = 2CO$	$\Delta G^{\ominus} = 170707 - 174047T$, J	(3－15)
$2CO + O_2 = 2CO_2$	$\Delta G^{\ominus} = -564840 + 173.64T$, J	(3－16)
$C + O_2 = CO_2$	$\Delta G^{\ominus} = -394133 - 0.84T$, J	(3－17)
$2C + O_2 = 2CO$	$\Delta G^{\ominus} = -223426 - 175.31T$, J	(3－18)

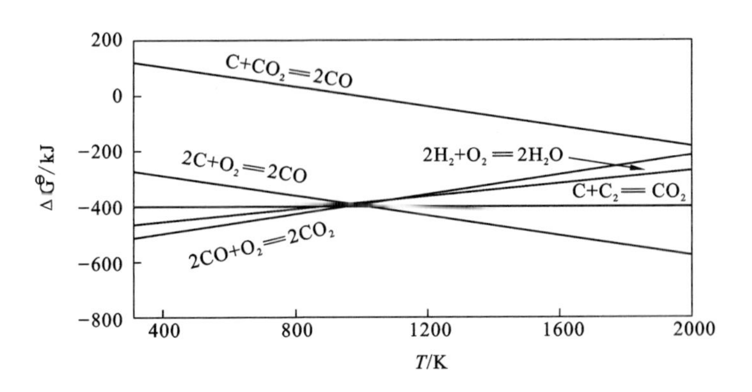

图 3－1　有机碳氧化反应吉布斯自由能图

由图3－1看出，在室温到2000 K温度范围内，除碳的气化反应($C+CO_2=\!=\!=2CO$)外，其他反应$\Delta G^{\ominus}<0$，可见，在反应物和生成物均处于标准状态时，有机碳氧化反应是可自发进行的。由图3－1可以推知，在石煤焙烧过程中($T<1100$ K)，有机碳氧化主要生成CO_2($C+O_2=\!=\!=CO_2$)。

2. **黄铁矿氧化**

黄铁矿在焙烧过程中，可能发生的反应见表3－2[139～141]，为便于比较，计算ΔG时，均以1 molO_2参与反应来计算。依据表3－2的数据，可得到图3－2。图3－2中，式(3－19)和式(3－20)曲线几乎重叠；由图可以看出，低温下$FeSO_4$较稳定，高温下$Fe_2(SO_4)_3$较稳定，$FeSO_4$分解温度为944 K。黄铁矿氧化反应在图中的温度范围内，$\Delta G^{\ominus}<0$，表明反应是可发生的。

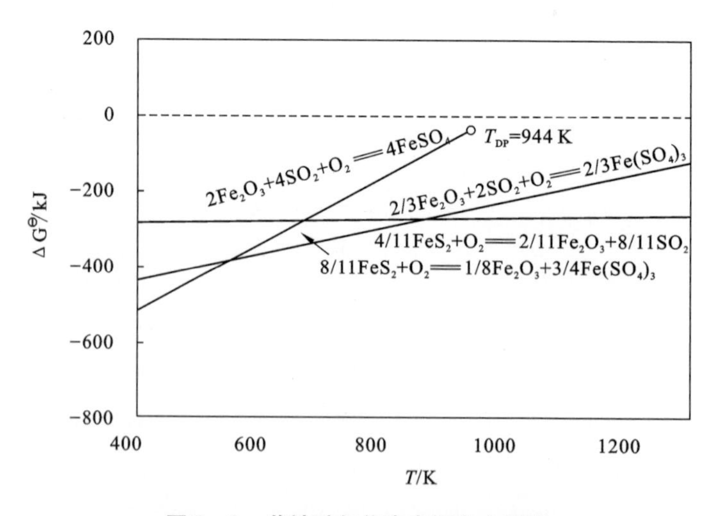

图3－2 黄铁矿氧化吉布斯自由能图

表3－2 黄铁矿在焙烧过程中可能反应及$\Delta G^{\ominus}-T$关系式

反应方程式	$\Delta G^{\ominus}-T$关系式	编号
$\frac{3}{8}FeS_2+O_2=\!=\!=\frac{1}{8}Fe_3O_4+\frac{3}{4}SO_2$	$\Delta G^{\ominus}=-298078.63+20.48T$，J	(3－19)
$\frac{4}{11}FeS_2+O_2=\!=\!=\frac{2}{11}Fe_2O_3+\frac{8}{11}SO_2$	$\Delta G^{\ominus}=-303575.82+27.92T$，J	(3－20)
$2Fe_2O_3+4SO_2+O_2=\!=\!=4FeSO_4$	$\Delta G^{\ominus}=-877134+888.52T$，J	(3－21)
$\frac{2}{3}Fe_2O_3+2SO_2+O_2=\!=\!=\frac{2}{3}Fe_2(SO_4)_3$	$\Delta G^{\ominus}=-578238.349+349.50T$，J	(3－22)

注：$FeSO_4$分解温度$T_{DP}=944$K。

3. 钒氧化

一般来说，钒在石煤中主要以 V(Ⅲ)或 V(Ⅳ)形式存在，在空气气氛下焙烧时，势必会发生低价钒的氧化反应，下面从热力学角度考查相关氧化反应的可能性。表 3－3 为钒相关氧化反应的方程式及 $\Delta G^{\ominus}-T$ 关系式，图 3－3 为依据表 3－3 绘制的吉布斯自由能图。V_2O_5熔点为 943 K，图 3－3 中未画出 943 K 以后的曲线。

从图 3－3 可以看出，在小于 1200 K 范围内，钒的氧化反应都是可自发进行的。依据曲线位置可以看出，低价钒氧化物比高价钒氧化物稳定。

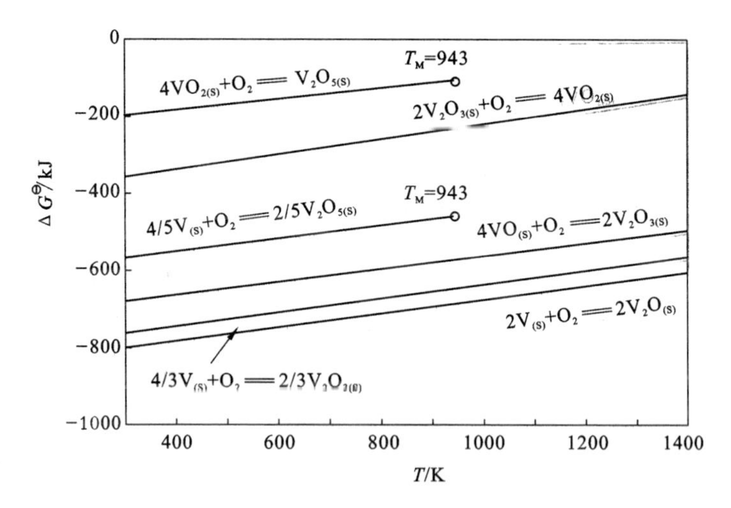

图 3－3　钒氧化反应吉布斯自由能图

表 3－3　钒氧化反应及 $\Delta G^{\ominus}-T$ 关系式

反应方程式	$\Delta G^{\ominus}-T$ 关系式	编号
$2V_{(s)}+O_2=2VO_{(s)}$	$\Delta G^{\ominus}=-861904+185.02T$, J	(3－23)
$\frac{4}{3}V_{(s)}+O_2=\frac{2}{3}V_2O_{3\,(s)}$	$\Delta G^{\ominus}=-817274.67+178.01T$, J	(3－24)
$\frac{4}{5}V_{(s)}+O_2=\frac{2}{5}V_2O_{5\,(s)}$	$\Delta G^{\ominus}=-623081.2+175.76T$, J	(3－25)
$4VO_{(s)}+O_2=2V_2O_{3\,(s)}$	$\Delta G^{\ominus}=-728016+164.01T$, J	(3－26)
$2V_2O_{3\,(s)}+O_2=4VO_{2\,(s)}$	$\Delta G^{\ominus}=-418400+195.81T$, J	(3－27)
$4VO_{2\,(s)}+O_2=2V_2O_{5\,(s)}$	$\Delta G^{\ominus}=-245182+148.95T$, J	(3－28)

注：V_2O_5熔点 $T_M=943K$。

由上述分析可看出，在石煤焙烧过程中，涉及有机质氧化、黄铁矿氧化和钒氧化，为考查氧化反应的先后顺序，将三类氧化反应吉布斯自由能图叠加，得到图3-4。由图3-4可以看出，VO氧化为V_2O_3的吉布斯自由能最低，表明该反应较容易发生；碳氧化反应（$C + O_2 = CO_2$）与钒氧化反应（$2V_2O_3 + O_2 = 4VO_2$、$4VO_2 + O_2 = 2V_2O_5$）相比，前者吉布斯自由能低，故前者先氧化。比较

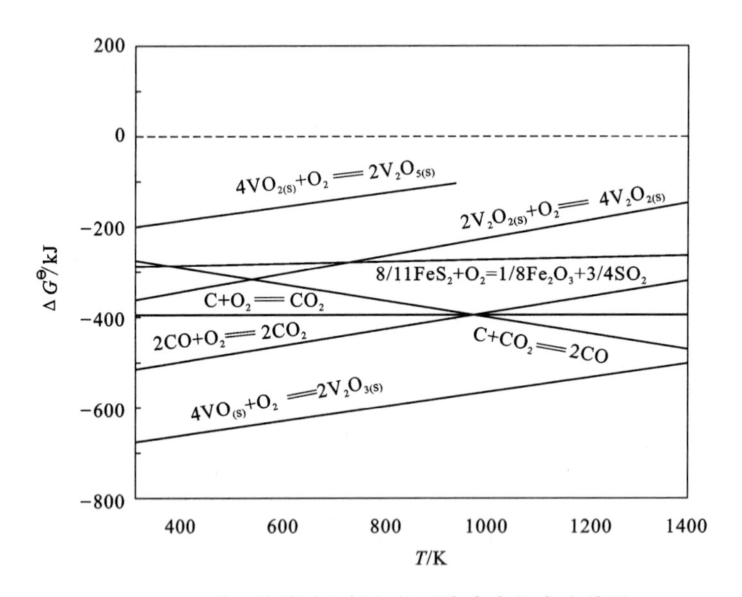

图3-4 碳、黄铁矿和钒氧化反应吉布斯自由能图

黄铁矿氧化反应和钒氧化反应的吉布斯自由能，在小于700 K温度下，V_2O_3氧化反应$\Delta G^{\ominus}$较低；在温度高于700 K时，黄铁矿氧化反应$\Delta G^{\ominus}$较低；黄铁矿氧化反应$\Delta G^{\ominus}$在图示温度范围内始终低于VO_2氧化反应$\Delta G^{\ominus}$，由此可知，在黄铁矿存在时，不利于V_2O_3和VO_2氧化。

4. 方解石分解

石煤中含有一定量的方解石，为考查其在焙烧过程中的行为，研究了其分解热力学原理。

依据相关理论，分解-生成反应热力学计算公式推导如下：

对于反应

$$2Me_{(s)} + O_2 = 2MeO_{(s)} \tag{3-29}$$

依

$$\Delta G^{\ominus} = A + BT \tag{3-30}$$

$$\Delta G^{\ominus} = -RT\ln K_p = -RT\ln\left(\frac{1}{P_{O_2}/P^{\ominus}}\right) = RT\ln P_{O_2} - RT\ln P^{\ominus} \tag{3-31}$$

故

$$RT\ln P_{O_2} - RT\ln P^{\ominus} = A + BT$$

$$\lg P_{O_2}=\frac{A+BT+8.314\times 2.303T\lg(101325)}{8.314\times 2.303T}=\frac{A'}{T}+B' \qquad (3-32)$$

式(3－32)为分解压与 T 的关系式，P_{O_2} 单位为 Pa。

方解石分解反应为：

$$CaCO_3 = CaO + CO_2 \qquad (3-33)$$

可求得 $\Delta G^{\ominus} = -170925 + 144.4T$，则：

$$\lg P_{CO_2} = -\frac{8920}{T} + 12.54 \qquad (3-34)$$

依据式(3－34)作图，可得图3－5。在空气中焙烧时，大气中 CO_2 分压力约为30.39 Pa，则 $\lg P_{CO_2}=1.48$，依据式(3－5)可计算出 $CaCO_3$ 开始分解的温度：

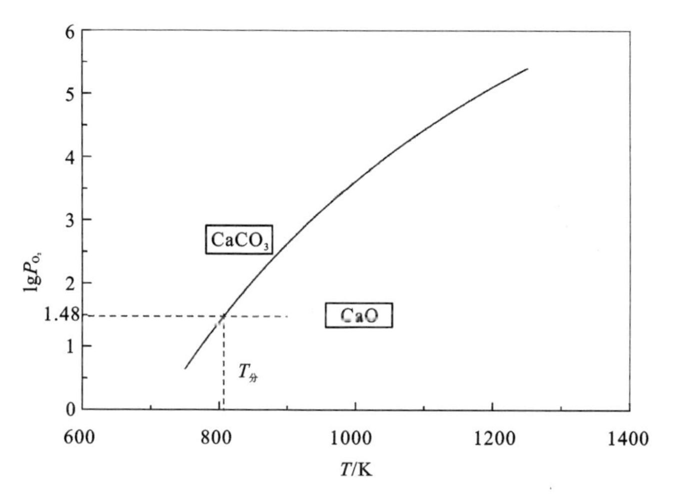

图3－5　$CaCO_3$ 分解反应平衡图

$T_{分解}=806.8$ K，$CaCO_3$ 在此温度下可开始分解，但分解速度较慢，其化学沸腾温度为1183 K，$CaCO_3$ 分解后产生 CaO。

石煤焙烧过程中，$CaCO_3$(或 CaO)会参与相关反应，在钙化焙烧工艺中，有时亦添加 CaO 焙烧，$CaCO_3$(或 CaO)与 SiO_2、V_2O_5 和 Al_2O_3 等反应的吉布斯自由能与温度关系式见表3－4，由表3－4可以绘制 CaO 反应平衡图，见图3－6。

由图3－6可以看出，CaO 与钒、铝、铁和硅氧化物在图示温度范围内可发生的反应 $\Delta G^{\ominus}<0$，表明反应都有可能发生，CaO 与 V_2O_5 反应生成不溶解于水的钒酸钙。

表3-4 CaO相关反应 $\Delta G^{\ominus}-T$ 关系式

反应方程式	$\Delta G^{\ominus}-T$ 关系式	编号
$CaO + V_2O_5 = CaV_2O_6$	$\Delta G^{\ominus} = -143512 - 8.37T$, J	(3-35)
$CaO + 1/2V_2O_5 = 1/2Ca_2V_2O_7$	$\Delta G^{\ominus} = -262338 - 10.04T$, J	(3-36)
$CaO + 1/3V_2O_5 = 1/3Ca_3V_2O_8$	$\Delta G^{\ominus} = -321960 - 24.09T$, J	(3-37)
$CaO + Al_2O_3 = CaAl_2O_4$	$\Delta G^{\ominus} = -13389 - 23.33T$, J	(3-38)
$CaO + Fe_2O_3 = CaFe_2O_4$	$\Delta G^{\ominus} = -16737 - 17.99T$, J	(3-39)
$CaO + SiO_2 = CaSiO_3$	$\Delta G^{\ominus} = -89119 - 0.80T$, J	(3-40)

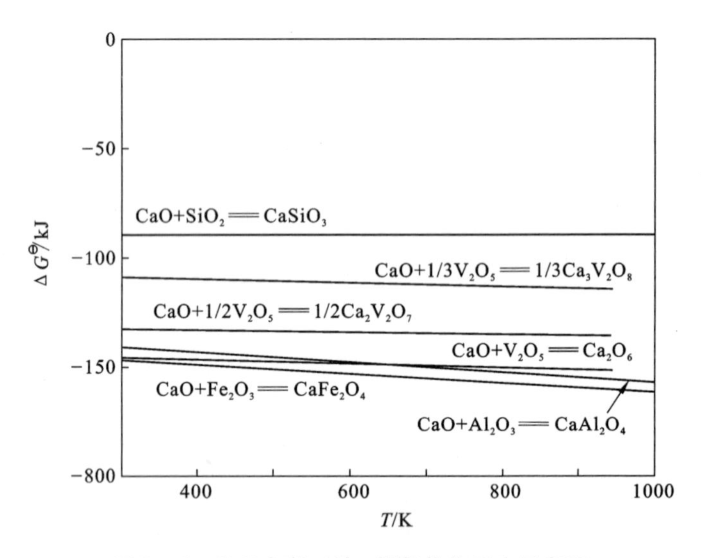

图3-6 CaO与钒、铁、铝氧化物反应平衡图

3.3 石煤焙烧过程中物相与孔隙结构变化

石煤矿样取自湖南益阳，石煤中主要矿物有石英、伊利石、高岭石、黄铁矿及方解石等，还含有18%左右的有机质。表3-5、表3-6、表3-7分别为矿样的多元素分析、物质组成和钒物相分析。依据研究结果，钒主要赋存在伊利石矿物中。

表 3-5 石煤矿样多元素分析

成分	V_2O_5	BaO	ZnO	SO_3	Fe_2O_3	SiO_2
含量/%	0.71	2.69	0.29	5.92	2.54	61.24
成分	Al_2O_3	CaO	MgO	K_2O	Na_2O	烧失量
含量/%	5.57	1.08	0.72	1.29	0.09	17.59

表 3-6 石煤矿样物质组成

类别	黄铁矿	石英	伊利石	高岭石	方解石	有机质	其他
含量/%	3.9	60.9	9.3	5.6	1.2	18.1	1.0

表 3-7 石煤矿样钒物相分析

相态	V_2O_5含量/%	分布率/%
氧化铁及黏土矿物	0.088	11.89
云母类硅酸盐矿物(伊利石)	0.63	85.14
石榴石及电气石	0.022	2.97
合计	0.74	100

3.3.1 TG-DSC 分析

图 3-7 为石煤在流动空气气氛下热重分析(TG)和差示扫描量热(DSC)分析结果图。

在图 3-7 中，热重曲线上大致有三个反应区间，第一个反应区间为室温到450℃左右，对应的质量损失约为 1.8%；第二个反应区间为 420℃到 700℃，对应的质量损失约为 16.1%；第三个反应区间为 800℃到 1000℃，对应的质量损失为 1.5%左右，总的质量损失为 19.4%左右。第一个反应区间的对应的质量损失主要是吸附水和层间水的失去；第二个反应区间失重量最大，在该区间，相关的化学反应可引起增重或失重，例如黄铁矿氧化为三氧化二铁，会引起失重，此外，结构水的脱除，也会引起失重，但最重要的失重原因是有机质的氧化。第三个反应区间失重较小，失重可能由两方面原因引起，一是方解石分解，二是铝硅酸盐矿物脱除羟基。伊利石 TG 曲线上在对应的温度范围内出现脱羟基引起的失重现象是很好的说明。

在图 3-7 中 DSC 曲线上，有较明显的两个放热峰。第一个放热峰对应的温

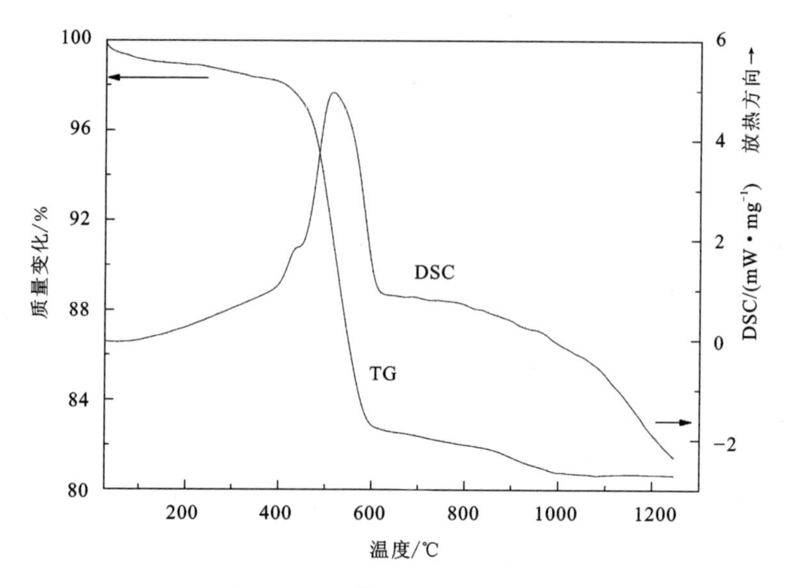

图3－7　石煤TG－DSC曲线图

度在420℃左右，应为黄铁矿氧化放热所致[142]；第二个放热峰非常明显，峰较宽，对应的温度为520℃左右，应为石煤中大量有机碳发生氧化反应放热所致。

实际上，由于石煤物质组成复杂，从某种程度上说，质量损失和热量变化实际上是加热过程中各种化学反应在质量上和热量上的增加和减少的代数和。

3.3.2　焙烧渣XRD分析

将石煤原矿分别在600℃、750℃、850℃、950℃和1050℃下焙烧3 h，采用XRD对各温度下石煤焙烧渣进行分析，考查焙烧过程中矿物相变情况。

图3－8为石煤原矿XRD图，从图可以看出，可以通过XRD检测到的矿物主要有石英、伊利石、高岭石、方解石、黄铁矿及重晶石，此外，还含有少量长石和石榴石类矿物，有机质不能通过XRD检测到。石煤原矿中，含钒矿物主要为伊利石。

图3－9到图3－13分别为石煤原矿在600℃、750℃、850℃、950℃和1050℃下焙烧3 h后得到的焙烧渣XRD图，图3－14为不同温度下焙烧渣XRD图对比。

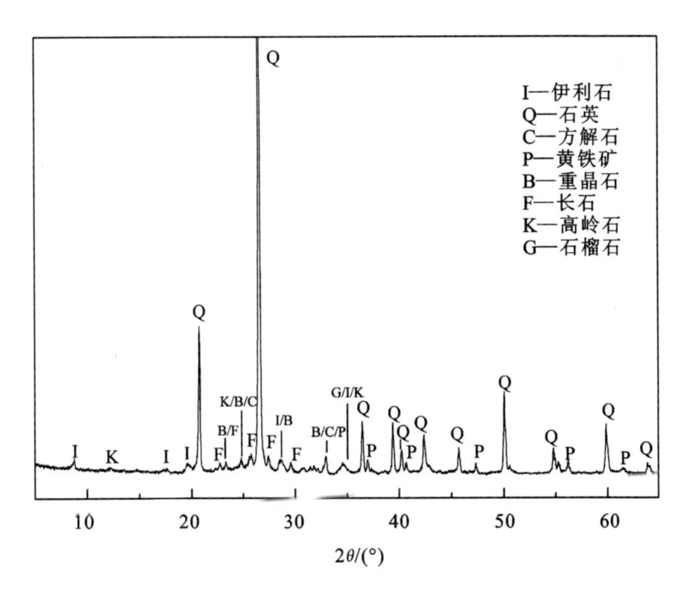

图 3-8 石煤原矿 XRD 图

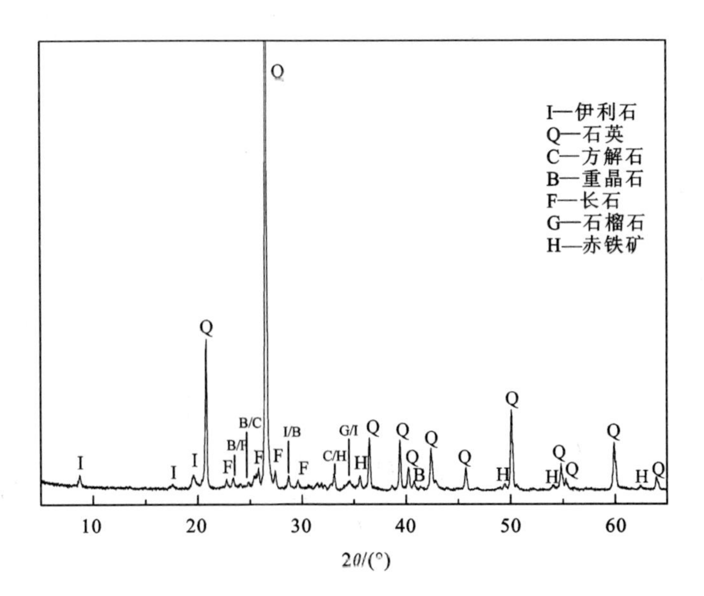

图 3-9 600℃焙烧渣 XRD 图

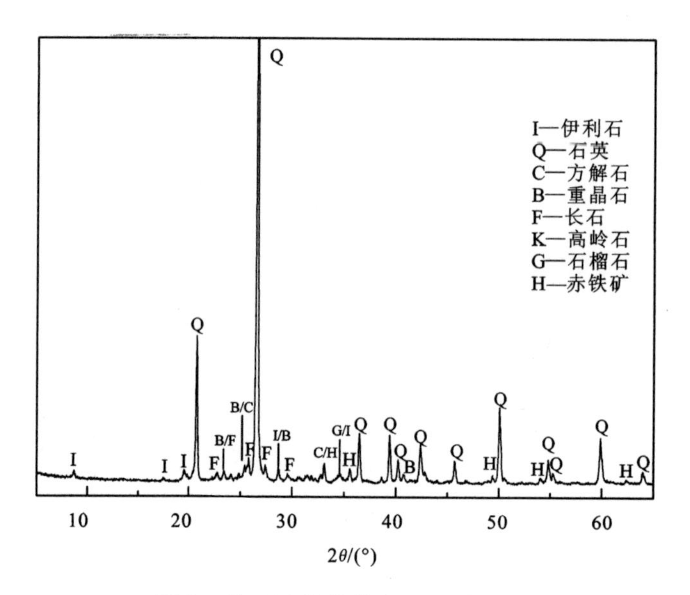

图3-10 750℃焙烧渣XRD图

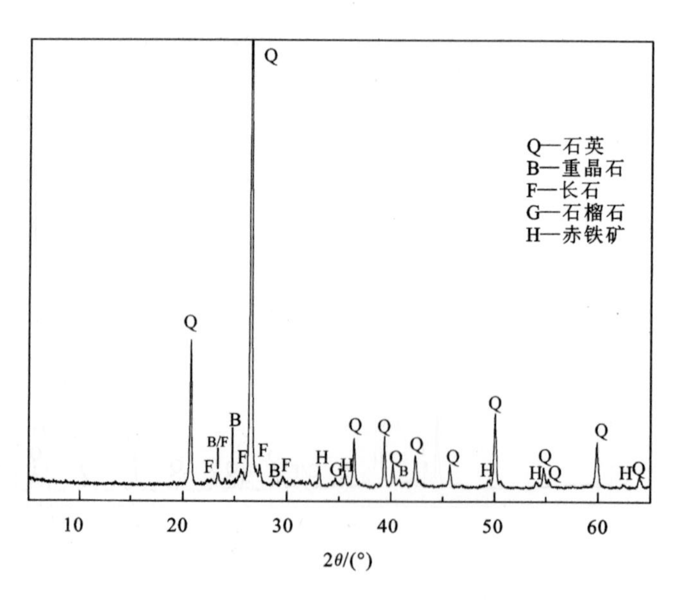

图3-11 850℃焙烧渣XRD图

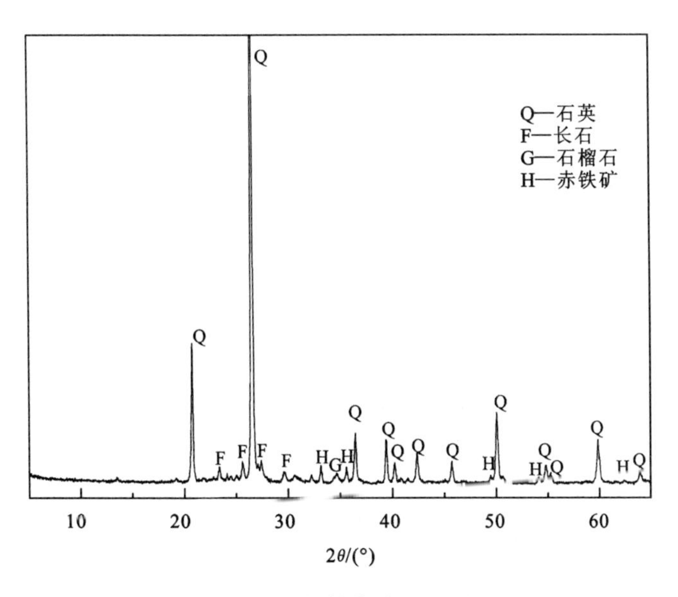

图 3-12　950℃焙烧渣 XRD 图

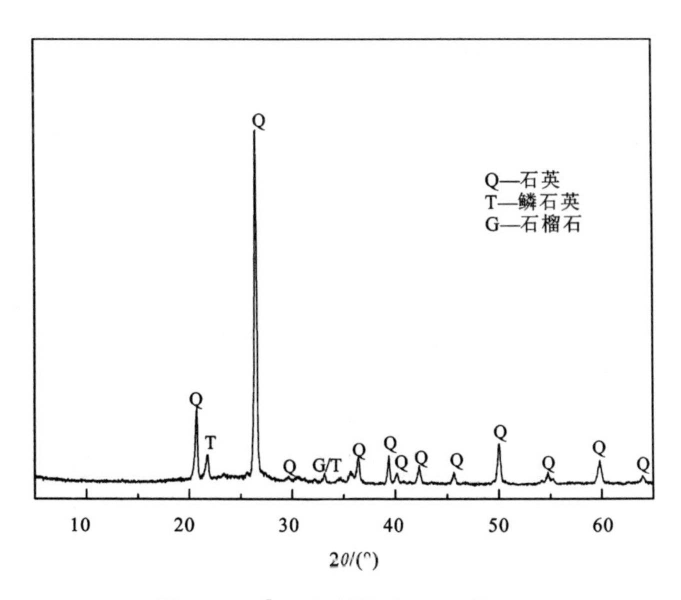

图 3-13　1050℃焙烧渣 XRD 图

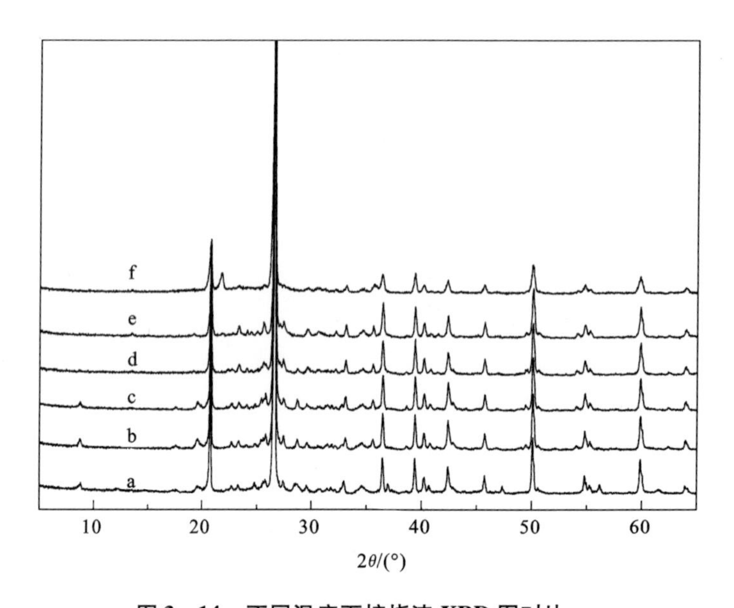

图3－14　不同温度下焙烧渣 XRD 图对比

a—石煤原矿；b—600℃焙烧渣；c—750℃焙烧渣；
d—850℃焙烧渣；e—950℃焙烧渣；f—1050℃焙烧渣

比较图3－8和图3－9发现，图3－8中黄铁矿在 2θ 角度为37.2°、47.4°、56.3°和61.7°处的衍射峰消失，图3－9中在2θ角度为35.7°、49.5°、54.1°和62.5°处出现赤铁矿衍射峰，由此可见，焙烧过程中黄铁矿氧化为赤铁矿，这与前面的热力学分析和TG－DSC分析的结果是一致的。在图3－8中，在 2θ 角度为12.4°处，有一强度较小的高岭石衍射峰，而在图3－9中，这一衍射峰消失。据相关文献[143, 144]，高岭石在热处理过程中，在500～700℃即可开始脱除羟基，并最终转变为偏高岭石。偏高岭石属非晶质，只具有漫反射特征，不能产生清晰的特征衍射峰。

图3－10和图3－9相比，图谱基本相同，衍射峰位置和强度几乎无变化。

对比图3－11和图3－10，图3－10中伊利石三个衍射峰（2θ 角度分别为8.9°、17.6°和19.8°）在图3－11中消失，表明伊利石在850℃焙烧后，晶体结构被破坏。在第2章的研究中，伊利石纯矿物晶体结构在此焙烧温度下，（002）晶面对于衍射峰强度减小，晶体结构发生调整，但层状结构未发生坍塌；而石煤中伊利石与其他多种矿物复杂共存，在焙烧过程中的相互作用，可促进伊利石结构破坏。图3－11中，方解石的衍射峰（2θ 角度为32.8°、43.9°）消失，说明方解石完全分解；前面的热力学分析表明，方解石在806K左右即可开始分解，但分解速度缓慢，在温度升高时，会加快分解速度，在850℃下焙烧3 h，方解石可完全分解[145]。

焙烧温度为950℃时（图3－12），重晶石的衍射峰消失。重晶石在空气中的分解温度约为1185℃，但在有Fe_2O_3和SiO_2存在的条件下，可改善其热力学分解条件，在800～1000℃可分解[146]，故石煤中重晶石在950℃下分解亦是可能的，其分解后产物可能为硅酸钡或者铁酸钡[147]。

图3－13为石煤在1050℃焙烧后焙烧渣的XRD图，图中，赤铁矿和长石的衍射峰消失，在2θ角度为21.8°处，出现一个明显的新的衍射峰，为鳞石英衍射峰，同时，石英的衍射峰强度明显减小。由此可推知，石煤在1050℃下焙烧，长石、赤铁矿和石英可能发生相关反应，但通过XRD无法确定生成物。而石英衍射强度的减小，一方面是由于石英参与相关反应被消耗；另一方面，由SiO_2相图可知，α石英可在870℃到1470℃范围内转变为鳞石英[148]，衍射图谱上出现鳞石英衍射峰亦可说明。

3.3.3 焙烧渣SEM分析

扫描电子显微镜（Scanning Electron Microscope，SEM）作为一种表面分析仪器，已经广泛地应用于材料、地质、生物、医学、物理、化学等科学领域。在面对不同分析要求时，还可通过安装专用的附件，实现一机多用（如电子衍射、透射电镜、电子探针、X射线显微分析等）。通过SEM分析，可获得焙烧渣物料表面的形貌和组成分布等信息；同时，通过电子探针X射线显微分析，可获得特定区域的元素组成及含量信息；由此可认识焙烧过程中石煤物料相关结构和成分的变化规律。

1. 石煤原矿SEM分析

图3－15为石煤原矿破碎后物料SEM图像，放大倍数分别为300、3000和20000倍。在放大300倍的图像上，见图3－15（a），可明显看到一些球团，这些球团显然不是单个的颗粒，而是由很多细小颗粒堆集而成的，球团直径尺寸为50～80 μm；同时，可观察到球团周围大量小颗粒分布，小颗粒粒度为几个微米。

在放大3000倍的图像上，图3－15（b），可看到大量粒度小于1μm的颗粒，还有少数大小为几微米的块状颗粒，这类块状颗粒是不易破碎的矿物，故而粒度相对较大。

图3－15（c）为放大20000倍的图像，在图像中可看到大量类似于鱼鳞状的薄片颗粒，层面形状较不规则，近似为椭圆和长方形，尺寸为0.2～1μm；薄片厚度较小，极其薄，小于0.1μm。从石煤的矿物组成来看，这类薄片状的颗粒应为层状的铝硅酸盐矿物，即伊利石或高岭石；由晶体化学可知，这类矿物在外力作用下，由于层间作用力较弱，易沿与层面平行方向发生解离，故而多为薄片状颗粒。

图 3－15 石煤原矿 SEM 图像

(a)放大 300 倍；(b)放大 3000 倍；(c)放大 20000 倍

2. 750℃**焙烧渣** SEM **分析**

图 3－16 为石煤原矿在 750℃焙烧 3 h 后焙烧渣的 SEM 图像。图 3－16(a)中，与石煤原矿 SEM 图像[图 3－16(a)]类似，也可看到较多球团，其直径各 50～100 μm；与石煤原矿 SEM 图像不同的是，图中可看到细小颗粒之间有黏结现象，颗粒与颗粒的接触边缘模糊化。在放大 3000 倍的图像[图 3－16(b)]中，可清楚地看到，部分颗粒黏结和融合在一起。此现象说明，在 750℃焙烧，部分颗粒有轻度烧结现象发生。在放大 10000 倍的图像[图 3－16(c)]中，可看到鳞片状颗粒仍保持其原有的形态，并未发生烧结。可见，在 750℃焙烧时，虽然部分颗粒会发生轻度的烧结现象，但对于铝硅酸盐矿物来说，在此温度下，不会发生显著的烧结现象。

图 3－16　750℃焙烧渣 SEM 图像

(a)放大 300 倍；(b)放大 3000 倍；(c)放大 20000 倍

3. 1050℃焙烧渣 SEM 分析

图 3－17 为石煤原矿在 1050℃焙烧 3 h 后焙烧渣的 SEM 图像。从图 3－17(a)中可看到物料结块、成团，亦可看到有致密的球团形成，这是烧结现象的基本特征。由此可知，在 1050℃焙烧温度下，物料发生严重烧结。图像中小颗粒烧结成球团，最大的球团直径可达 150 μm，多数在 100 μm 以下。

在图 3－17(b)中可看到球团为蜂窝状多孔腔结构体，在球面上可看到部分致密光滑的区域，为物料在高温下液相烧结所致。此外，还可看到有表面光滑的玻璃体生成。在焙烧过程中，由于石煤物料组成复杂，颗粒之间紧密接触，在某一温度点，各成分之间开始发生固相反应，开始生成新的化合物，于是在新生成的化合物之间，石煤原料各成分之间、以及新生成的化合物与石煤原料之间，存在低共熔点物质，促使生成液相[149]。液相会将未熔的固体颗粒黏结成块，于是形成蜂窝状结构。在液相生成量较多时，或者紧密接触的颗粒均发生熔化时，则形成类似于玻璃的固溶体——玻璃体。

图 3-17　1050℃焙烧渣 SEM 图像

(a)放大 100 倍;(b)放大 300 倍;(c)放大 3000 倍

从放大 3000 倍的图像[图 3-17(c)]中，可看到鳞片状颗粒烧结在一起，烧结体表面为光滑致密的薄膜所包裹，这是液相在其表面完全润湿、包裹，较细小的鳞片状颗粒完全熔化，而较大的鳞片状颗粒则只有周边熔化，仍能保持其大概的片状轮廓。

在获得焙烧渣表面形态特征的基础上，采用 X 射线能谱仪对焙烧渣表面进行物质组成分析。在放大 200 倍的图像上，选取了具有代表意义的三个区域，进行了微区分析(见图 3-18 中 A、B 和 C 点)。

图 3-18 中 A 点为固溶体玻璃体致密光滑的表面上选定的一个微区，其能谱分析结果见图 3-19。定量分析结果表明，A 区内存在的元素有 Mg、Al、Si、K、Ca、V、Fe 和 Ba，由此可知，伊利石和高岭石等铝硅酸盐矿物、赤铁矿以及石灰石与重晶石的分解产物等均参与了玻璃体的形成过程。

图 3 - 18　1050℃焙烧渣 SEM 图像点分析(放大 200 倍)

图 3 - 18 中 B 点为在某一砖块状颗粒表面上选定的一个微区，其能谱分析结果见图 3 - 20。由能谱分析结果来看，主要组分为 SiO_2，该颗粒为石英。

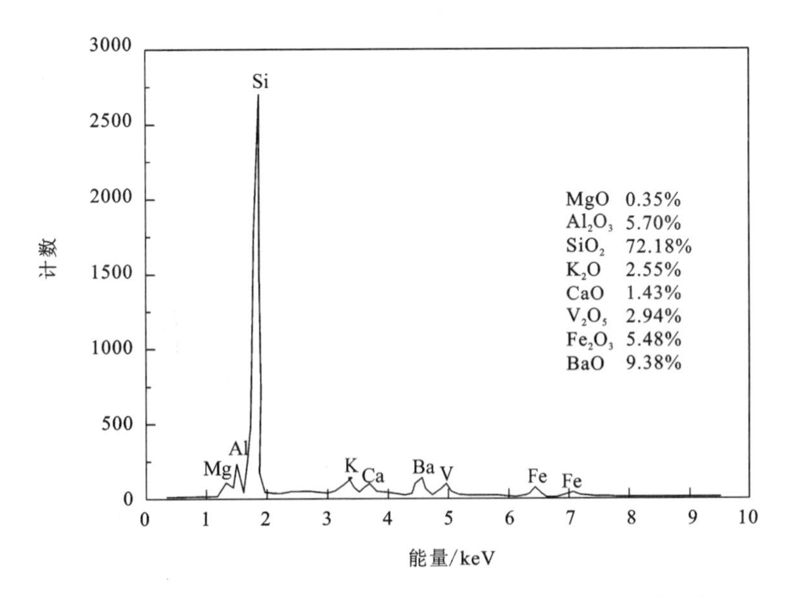

图 3 - 19　1050℃焙烧渣 SEM 图像(见图 3 - 18)A 区能谱分析

图 3 - 18 中 C 点为在某一蜂窝状烧结块表面上选定的一个微区，其能谱分析结果见图 3 - 21。能谱的成分分析结果和 A 点相似，所含元素种类相同，均为 Mg、Al、Si、K、Ca、V、Fe 和 Ba，Mg、K、V 和 Ba 相对含量两者相差不大，C 区的 Al、Si 相对含量较 A 区低，而 Ca 和 Fe 相对含量比 A 区高。

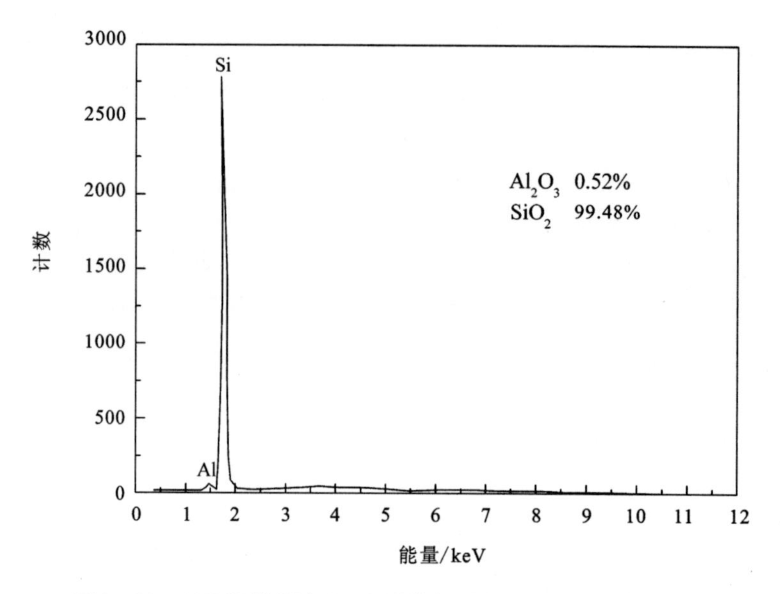

图3-20 1050℃焙烧渣SEM图像(见图3-18)B区能谱分析

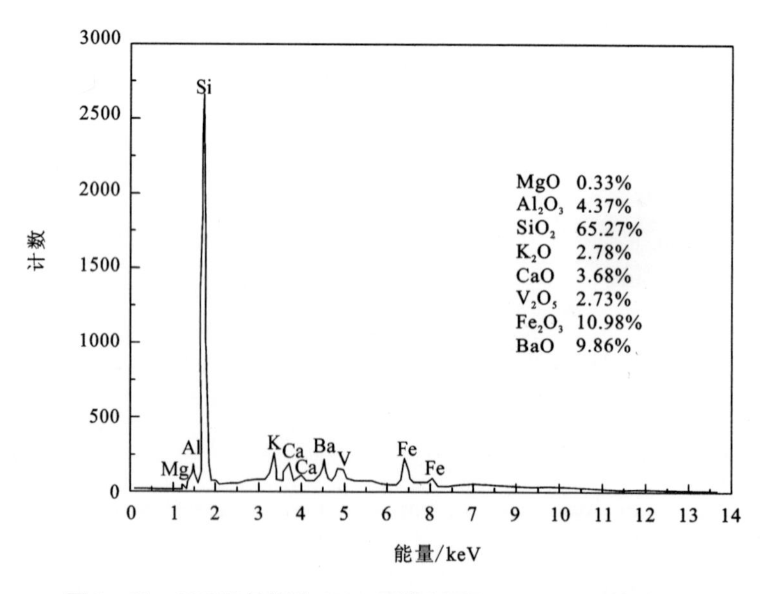

图3-21 1050℃焙烧渣SEM图像(见图3-18)C区能谱分析

A 区与 C 区的区别在于，前者较后者表面更致密光滑，说明焙烧过程中有更多液相生成。从能谱分析结果来看，A 区的 SiO_2 和 Al_2O_3 相对含量高于 C 区，而 SiO_2 较易形成硅酸盐低熔点液相，Al_2O_3 可促使熔点降低，这应是二者生成液相量有所差别的原因。值得注意的是，钒在 A 区和 C 区都存在，且相对含量达到 2.7% 左右，表明钒被包裹。

由以上分析可知，在石煤焙烧过程中，随焙烧温度升高，在某一温度下，相互接触的固体颗粒之间开始发生反应，在有组分熔化或有低熔点化合物生成时，发生烧结；在有大量液相出现时，严重烧结，形成玻璃体结构，使钒被包裹。

3.3.4 焙烧过程孔结构变化

石煤物料在焙烧过程中，相关的热解、氧化反应大多是在颗粒内部的孔隙中进行的，这些反应将导致颗粒孔隙结构发生变化，而孔隙结构的变化反过来又会影响反应的进行。另一方面，在焙烧渣的浸出过程中，相关的化学反应多发生在反应物和固体表面之间，而许多表面是与孔结构相关联的，故而，焙烧渣孔结构必然会影响后续的浸出过程。因此，研究焙烧过程中孔结构的变化，无论是对于揭示焙烧过程的相关反应机理，还是对于研究孔结构对浸出过程的影响，都是十分必要的。

1. 石煤原矿孔结构

(1) 吸附等温线

吸附 - 脱附等温线是表征孔结构的一个重要的测试手段，根据测试结果，可以得到样品比表面积、孔容积、孔径分布和孔道类型等信息。国际纯化学和应用化学联合会(IUPAC)将吸附等温线划分为六种类型[150, 151]，图 3 - 24 为石煤原矿 N_2 吸附 - 脱附等温线，其表现出Ⅲ型吸附等温线特征，虽然比Ⅲ型吸附等温线多出吸附回线，但仍可将其归为Ⅲ型。Ⅲ型吸附等温线是气体 - 固体之间微弱相互作用的特征曲线。

图 3 - 24 中，吸附分支在低压段($P/P_0 < 0.5$)，吸附量随相对压力增加变化不大；$P/P_0 > 0.5$ 时，随相对压力增大，吸附量增加；相对压力接近 1 时，吸附量急剧增加。吸附等温线的脱附分支在相对压力为 0.95 左右即与吸附分支分离，在中等压力处($P/P_0 < 0.5$)有陡降现象，在低压力段基本和吸附分支重合。脱附分支和吸附分支的分离形成较明显的吸附回线。吸附回线是由于气体凝聚和蒸发时相对压力不同而造成的，吸附回线的特征可在一定程度上反映孔的形状特点。依据图 3 - 23 中吸附回线特征分类，可将图 3 - 24 中回线类型归入国际纯化学和应用化学联合会(IUPAC)所划分的四类回线类型中的第三类[151]，即 H3 型吸附回线。

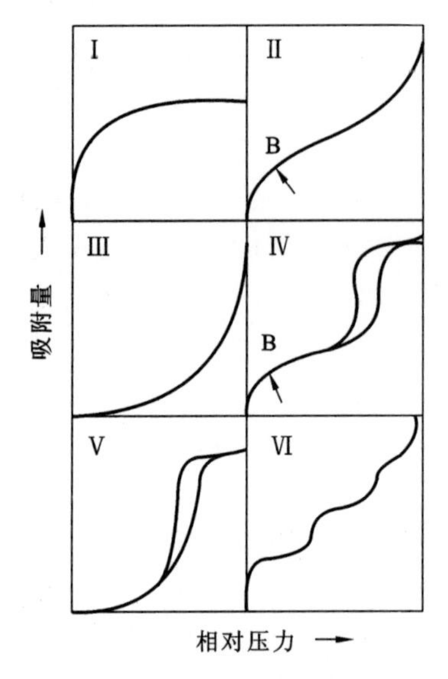

图3-22 国际纯化学和应用化学联合会划分的吸附等温线类型[151]

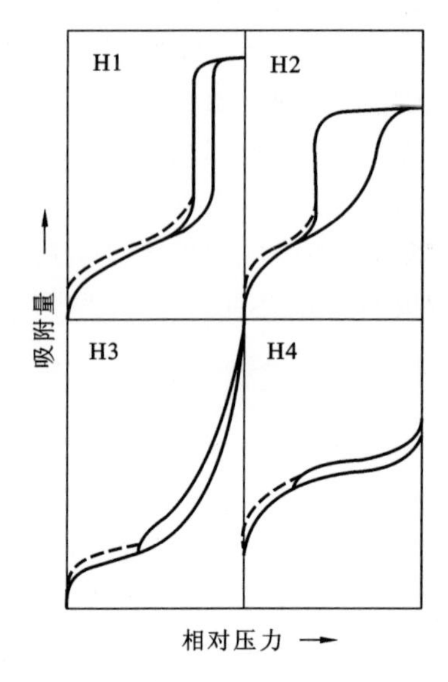

图3-23 国际纯化学和应用化学联合会划分的吸附回线类型[151]

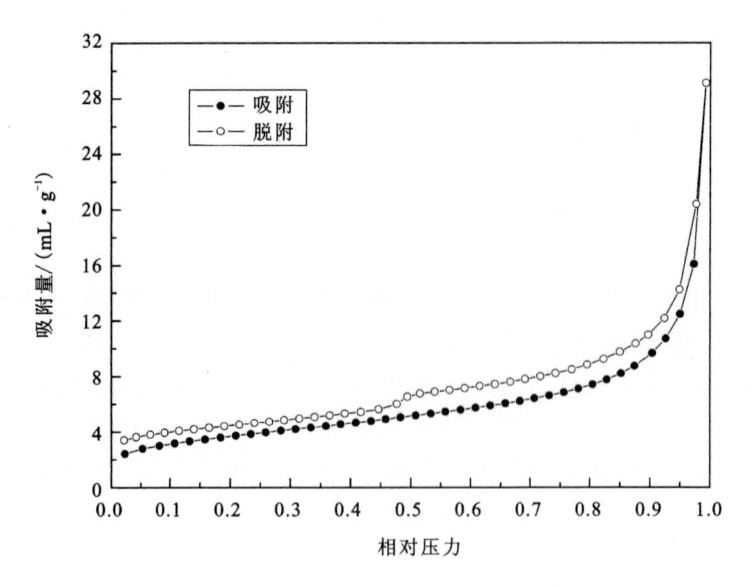

图3-24 石煤原矿 N_2 吸附-脱附等温线

图 3 - 24 中，在低压力段($P/P_0<0.5$)，吸附分支和脱附分支基本重合，说明在较小的孔径范围内，都是一段闭合的孔，因为只有这类孔不会产生吸附回线[152]。在相对压力较高($P/P_0>0.5$)时，出现了明显的吸附回线，说明在较大孔径范围内，一段闭合的孔较少，两段开口的孔或者墨水瓶状的孔较多。并且，通常情况下，平行板壁狭缝状开口毛细孔是 H3 型吸附回线反映的典型孔特征，体特宽而颈窄短(墨水瓶状)孔也出现这种回线[153]。故可推断，石煤原矿中孔径相对较小的孔，多为一段闭合的孔(不包括墨水瓶状孔)；孔径相对较大的孔，多为平行板壁狭缝状毛细孔或墨水瓶状孔。

(2)孔分布

孔分布(Pore Size Distribution，缩写为 PSD)是孔结构的重要特征之一，其他孔结构特征，如比表面积、微孔中孔体积比、微孔中孔平均半径，也可以从 PSD 的信息中计算出来[154]。一定固体内的孔和不同固体中的孔，其形状和大小均有很大变化，国际纯化学与应用化学联合会依据孔的平均宽度，将孔分为微孔(<2 nm)、中孔(亦称中间孔、过渡孔和介孔；2 ~ 50 nm)和大孔(>50 nm)[151]。

表征 PSD 的方法很多，如表征微孔 PSD 的方法有微孔分析法(MP)、Horvath - Kawazoe(HK)方程；表征中孔的 PSD 的方法有 Robert 法、DH 法和 BJH 法；密度函数(DFT)可以同时分析中孔和微孔的 PSD，但计算过程颇为复杂，离实际应用还有一定的距离。BJH 方法基于 Kelvin 和 Halsey 方程，是最早确定孔径分布的方法之一[155]，本书采用 BJH 法表征中孔的 PSD，采用 HK 法表征微孔的 PSD。

图 3 - 25 为 BJH 法解析石煤原矿中孔分布曲线，由图可以看出，中孔含量较丰富，大孔较少；最可几孔径约为 4 nm，即大部分中孔孔径为 4 nm 左右。

图 3 - 26 为 HK 法解析石煤原矿微孔分布曲线，由图可以看出，尺寸在 1 ~ 1. 8 nm 的微孔含量较多，峰值对应的孔径为 1. 3 nm。

结合图 3 - 25 和图 3 - 26 可知，石煤原矿中同时存在微孔、中孔和大孔，但主要以中孔为主，最可几孔径为 4 nm，其次为微孔，大孔较少。参考相关文献[156]对煤孔隙的研究结果可推知，石煤中大孔主要为原生孔、外力孔、矿物质孔和气孔，而中孔主要为链间孔，微孔主要为分子结构孔。

BJH 法和 HK 法解析的石煤原矿 PSD 结果与吸附等温线所表现的特征是相符合的。图 3 - 24 中，吸附等温线在较低的相对压力($P/P_0<0.5$)下，变化不大，说明微孔分布不发达；吸附回线的存在，说明中孔含量丰富。

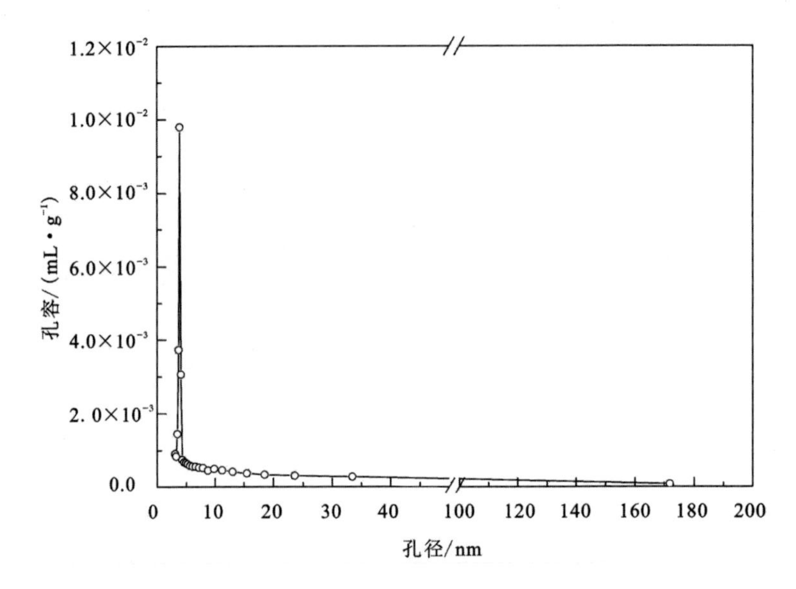

图 3-25 BJH 法解析石煤原矿中孔分布

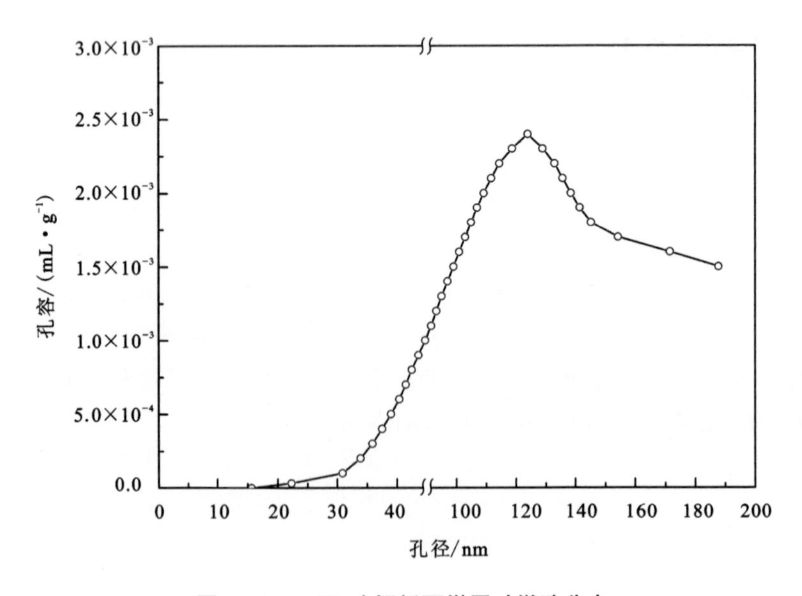

图 3-26 HK 法解析石煤原矿微孔分布

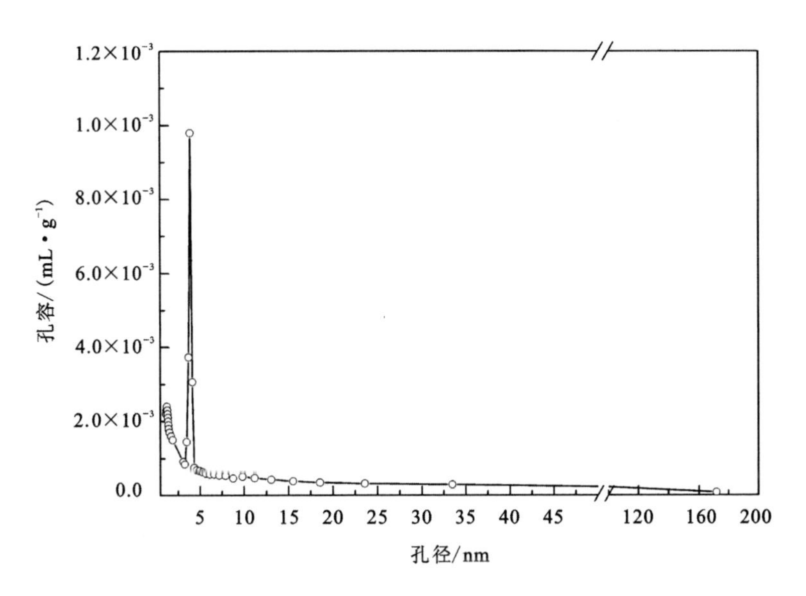

图 3－27　石煤原矿孔分布

2. 750℃焙烧渣孔结构

(1)吸附等温线

图 3－28 为石煤原矿在 750℃下焙烧 3 h 后焙烧渣的 N_2吸附－脱附等温线。由图可以看出，从低压段到相对压力为 0.9 左右的范围内，吸附量变化不大；相对压力超过 0.9 后，随压力增加，吸附量急剧增加，吸附等温线陡起，为气体发生凝聚所致。图 3－28 中有吸附回线存在，但回环比较狭窄，回线类型为非典型回线，可归属于 IUPAC 所划分的 H3 和 H4 两种回线类型的叠加。在 0.5～0.9 相对压力范围内，吸附分支和脱附分支都是水平的，且几乎平行；在 0.9～1 相对压力范围内，吸附分支和脱附分支均竖直，亦几乎平行。故可推断，样品中既有一段封闭型孔，亦有两段开口型孔，且以前者为主。

(2)孔分布

图 3－29 为 BJH 法解析 750℃焙烧渣的中孔分布曲线，由图可以看出，中孔含量丰富，大孔较少，最可几孔径为 3.8 nm 左右。

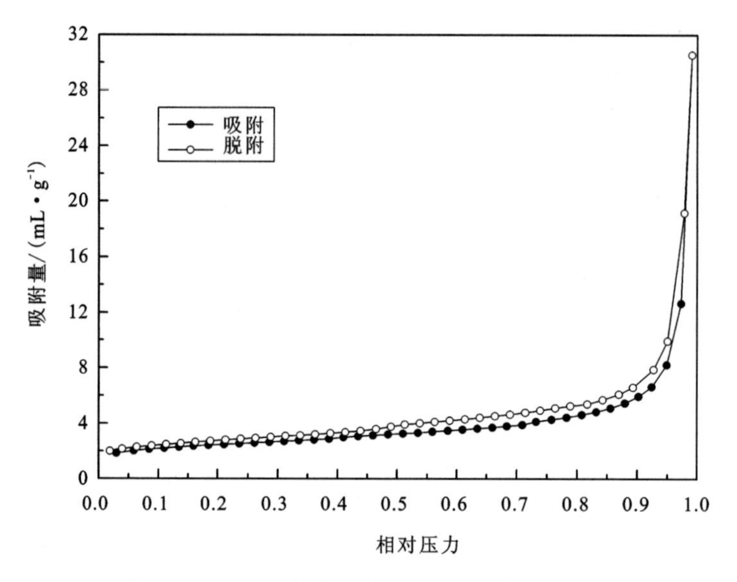

图3－28　750℃焙烧渣的N_2吸附－脱附等温线

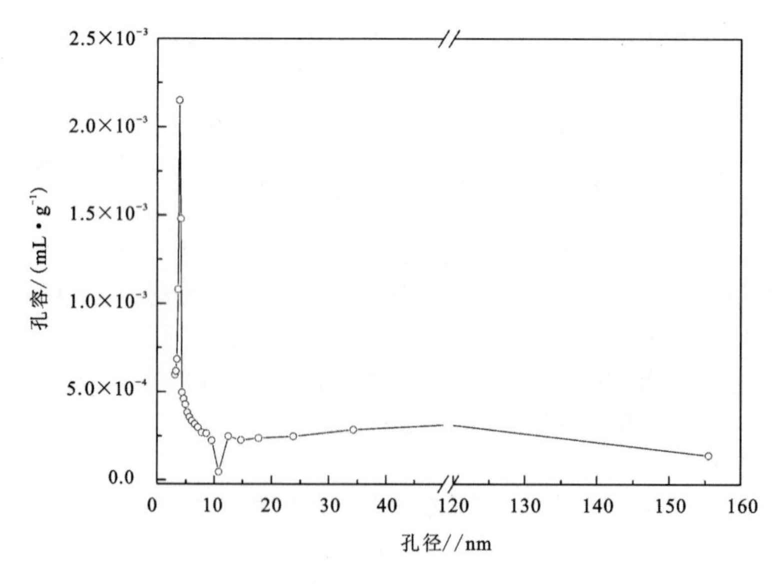

图3－29　BJH法解析750℃焙烧渣的中孔分布曲线

图3－30为HK法解析石煤750℃焙烧渣的微孔分布曲线，由图可看出，微孔孔径分布广泛，以1.0 nm左右孔径的孔为主。

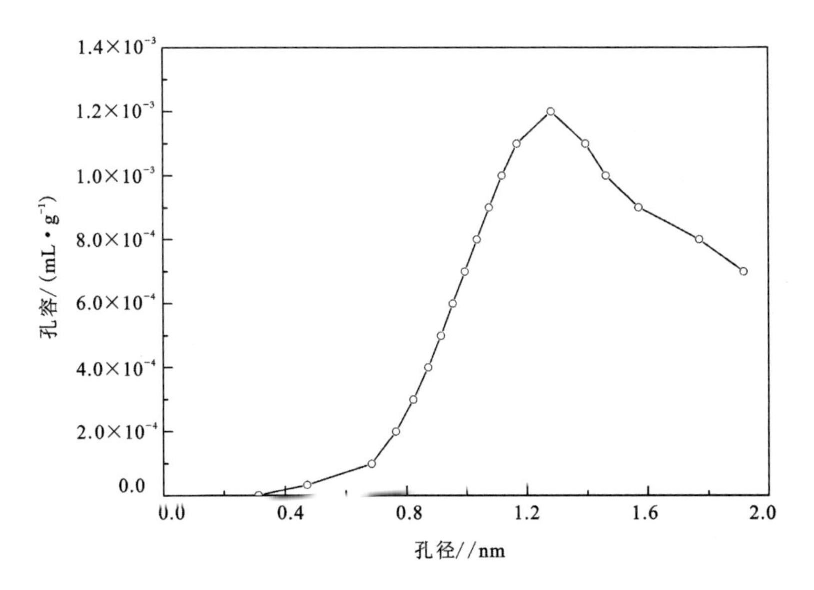

图 3－30　HK 法解析 750℃焙烧渣的微孔分布曲线

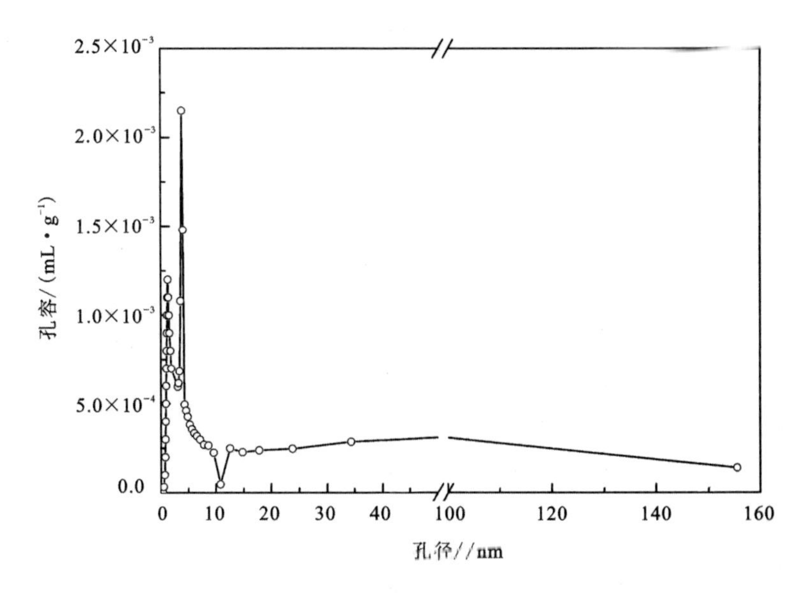

图 3－31　750℃焙烧渣孔分布曲线

图 3－31 为石煤 750℃焙烧渣孔分布曲线，从图可以看出，焙烧渣的中孔和微孔含量丰富，以中孔为主，微孔次之，大孔较少。

值得注意的是，与原矿相比(图3－27)，石煤原矿750℃焙烧后，虽然孔分布状态变化不大，均以中孔和微孔为主，但750℃焙烧渣的中微分孔容是减小的。

3. 1050℃焙烧渣孔结构

(1)吸附等温线

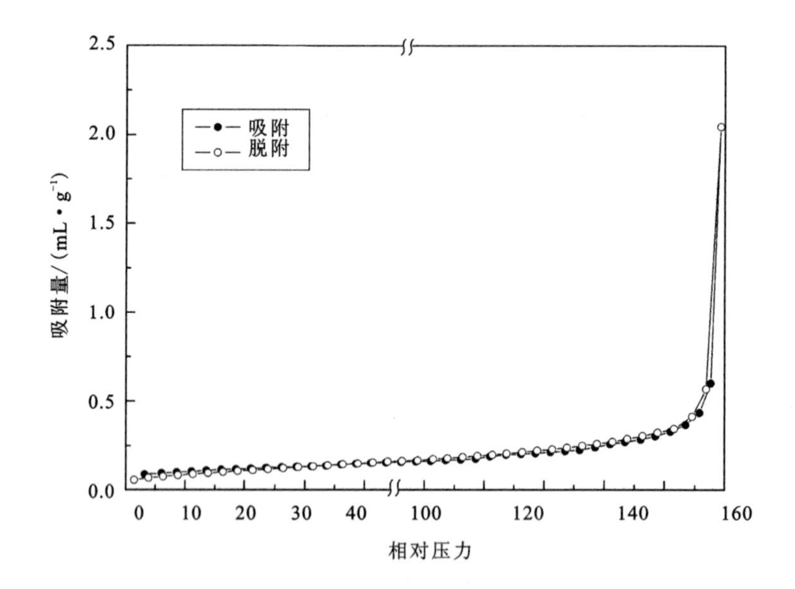

图3－32 1050℃焙烧渣 N_2吸附－脱附等温线

图3－32为石煤原矿在1050℃焙烧3 h后的N_2吸附－脱附等温线，依据吸附等温线形状，可以将其归属于Ⅲ型等温线。图3－32中，在相对压力小于0.9时，吸附量变化不大；在相对压力为0.9～1.0时，吸附量急剧增加。与石煤原矿和750℃焙烧渣不同的是，1050℃焙烧渣没有吸附回线，表明样品中绝大部分孔为一段闭合的孔，几乎没有两端开口的孔或者墨水瓶状的孔，由此可见，原矿中两端开口的孔在1050℃焙烧后变为闭合型孔。

(2)孔分布

图3－33为BJH法解析的1050℃焙烧渣的中孔分布曲线。由图可见，样品中孔容量很小，与未焙烧的石煤原矿及750℃焙烧渣相比，其容量要小两个数量级(石煤原矿及750℃焙烧渣孔容量数量级别为10^{-2} mL/g或10^{-3}mL/g，1050℃焙烧渣样品孔容量数量级为10^{-5}mL/g)，由此可知，样品中孔数量较少。从图3－33曲线来看，以中孔为主，孔尺寸主要分布在3.4 nm和4 nm左右。

图3－34为HK法解析的1050℃焙烧渣微孔分布曲线，从图可以看出，微孔分布广泛；曲线上出现了两个峰值，分别对应的孔尺寸为1.2 nm和1.6 nm，表明样品中以该尺寸孔为主。

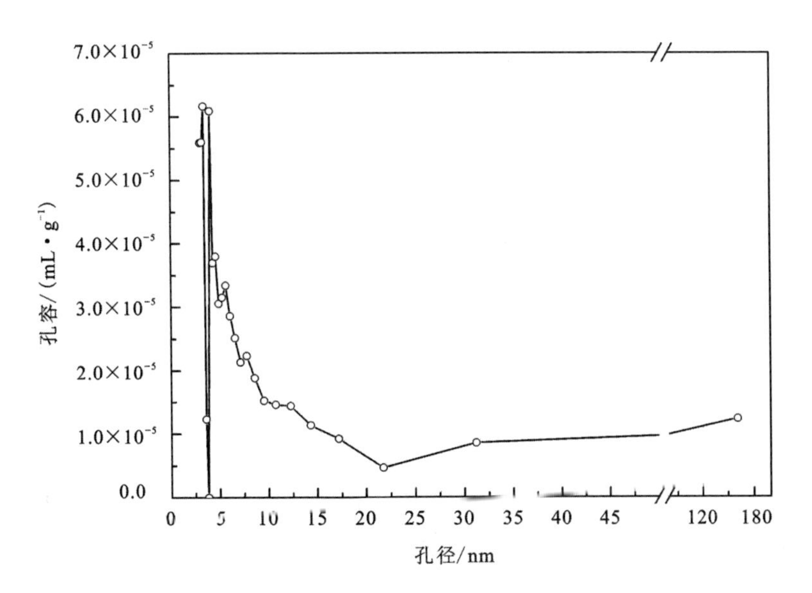

图 3-33　BJH 法解析 1050℃焙烧渣中孔分布

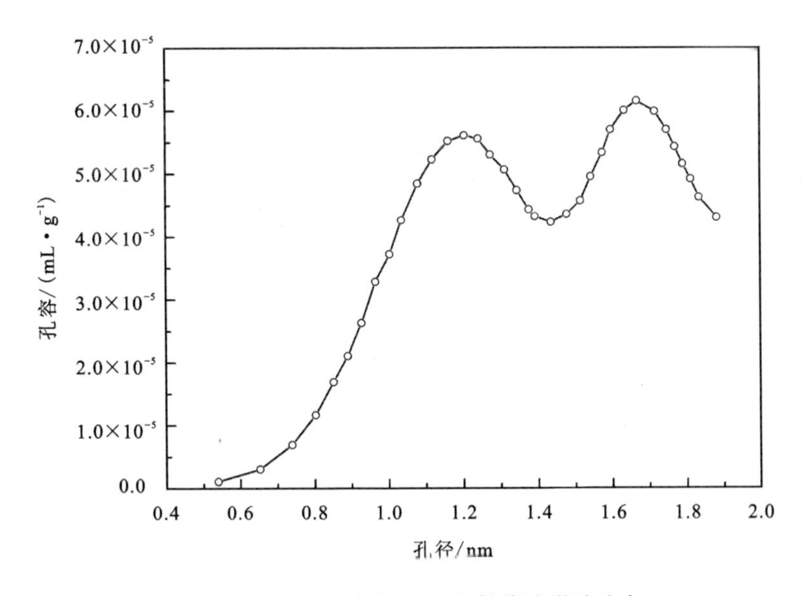

图 3-34　HK 法解析 1050℃焙烧渣微孔分布

从图 3-35 可看出，总体来说，样品中孔含量很少，且主要为中孔和微孔，很少有大孔；这与图 3-32 中吸附等温线中没有出现滞后回线的现象是相吻合的。

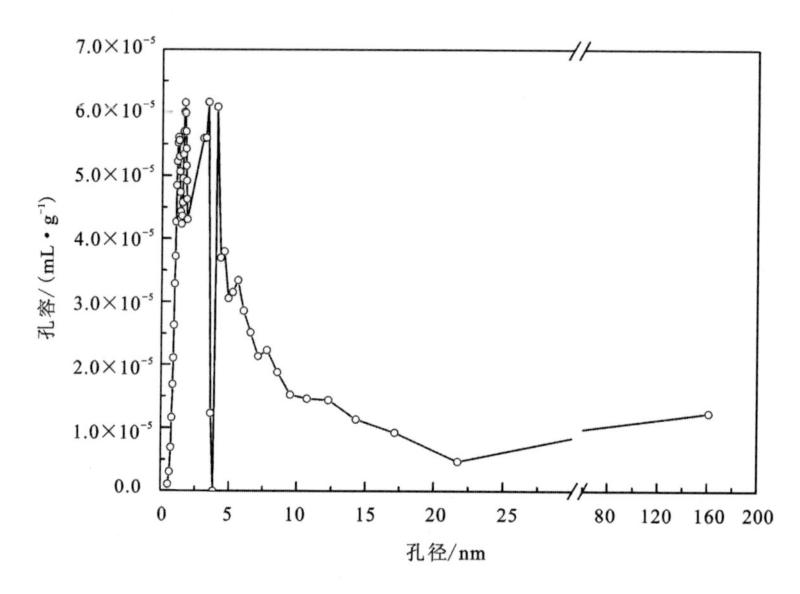

图3－35　1050℃焙烧渣孔分布曲线

表3－8为未经过焙烧的石煤原矿、750℃焙烧渣和1050℃焙烧渣比表面积、总孔容和平均孔径的对比。由表可以看出，750℃焙烧渣与焙烧前相比，比表面积减小，总的孔容变化不大，平均孔径增大，反映出750℃焙烧后，微孔数量减小，中孔数量有所增加。原因可能有两个方面，一是石煤原矿中有机质氧化完全，有机质中的微孔消失；二是有机质与其他矿物紧密共生，嵌布关系复杂，有机质氧化完全后，会形成一些中孔大小的空腔。

表3－8　不同焙烧温度样品孔参数比较

样品	$S_{BET}/(m^2 \cdot g^{-1})$	$V_{pore}(cm^3 \cdot g^{-1})$	D_{pore}/nm
石煤原矿	13.15	0.04503	13.69
750℃焙烧渣	8.845	0.04724	21.36
1050℃焙烧渣	0.4278	0.003163	29.57

注：S_{BET}、V_{pore}和D_{pore}分别表示样品的比表面积、总的孔容和平均孔径。

1050℃焙烧渣的比表面积、总的孔容都显著减小，比表面积仅为焙烧前1/30，总的孔容为焙烧前1/14，表明在此焙烧温度下，大量微孔和中孔消失，孔数量急剧减少。这一方面是由于焙烧过程中颗粒熔化，使颗粒内部的孔隙闭合；另一方面，由于在焙烧过程中生成液相，颗粒内部的孔隙因毛细现象而被液相所填充。1050℃焙烧渣平均孔径为焙烧前的2.16倍左右，这是由于烧结现象的存在，颗粒与颗粒之间相互黏结，形成大直径的孔腔(见图3-17)，因而使平均孔径增加。

由上述讨论结果可知，在焙烧过程中，石煤孔结构会发生相应变化。而孔结构对浸出过程具有重要意义，孔隙是浸出剂离子(H^+)、溶出离子扩散的通道，孔隙的表面可成为反应发生的界面；孔隙越发达，比表面积就越大，溶液中离子扩散就越通畅，界面反应活性点亦越多，就越有利于浸出反应的发生。

3.4 焙烧过程中钒价态的变化

本小节主要探讨石煤在焙烧过程中钒的氧化机理、机制，分析焙烧过程中钒价态分布变化规律，考查钒氧化与钒浸出之间的关系。

3.4.1 钒在石煤中赋存价态

我国各地石煤中钒的赋存状态的共同特征是组成复杂、分散细微和形态多样。本书研究所采用的样品为湖南益阳泥江口石煤，从岩相上划分，其属于块状板岩型石煤。参照文献[124]给出的分析方法，对石煤原矿中的钒的价态分布进行了分析，结果见表3-9。由表可以看出，石煤原矿中钒主要以V(Ⅲ)为主，占有率为54%左右，V(Ⅳ)和V(Ⅴ)含量相当，占有率分别为24.28%、21.43%。赋存在铝硅酸盐矿物(伊利石)中的钒主要是V(Ⅲ)或V(Ⅳ)，赋存方式为类质同象或吸附形式。

表3-9 石煤原矿中钒价态分布

价态	含量/%	占有率/%
V(Ⅲ)	0.38	54.29
V(Ⅳ)	0.17	24.28
V(Ⅴ)	0.15	21.43
合计	0.70	100

3.4.2 石煤中钒氧化动力学

热力学研究发现，V(Ⅲ)(V_2O_3)和V(Ⅳ)(V_2O_4)在热力学上均是不稳定的，其氧化反应的吉布斯自由能变化为负值，表明在298 K条件下，反应是可以自发进行的。众所周知，热力学反应自发性只是反应发生的必要条件，而并非充分条件，在讨论一个特定反应时，往往需考虑动力学因素。

钒的氧化属于气、固两相间的反应，其宏观动力学模型属于区域反应模型[157, 158]，可认为反应发生在石煤颗粒内部具有一定厚度的区域内，区域内颗粒的形态结构对反应的影响可忽略。在含钒矿物伊利石晶格表面，有较多活性核心，反应初期，空气中氧气向颗粒内部扩散，到达活性核心，氧化反应迅速开始；反应核会不断生长，相界面增大，钒的氧化反应速率不断加快，在相界面达到最大后，反应速率亦达到最大值。此后，核发生彼此兼并，未反应核逐渐收缩，界面缩小，反应速率下降。在反应过程中，会出现固态产物层，氧气必须通过固态产物层扩散才能进入反应区，随固体产物层逐渐增厚，氧气扩散受阻愈严重，钒氧化过程由动力学方式转为扩散方式[157]。

实验[157]获得的钒氧化动力学曲线，也表明了在固体产物层生成后，氧气扩散通过固体产物层成为反应的控制步骤。简单来说，石煤中钒的氧化反应以两种方式进行：初期以动力学方式进行，后期以扩散方式进行；焙烧温度越高，由动力学方式转入扩散方式所需时间越短。动力学过程和扩散过程对钒氧化来说，都是重要的。

3.4.3 焙烧温度对钒氧化的影响

影响石煤焙烧过程中钒氧化的因素很多，外因有焙烧温度、焙烧时间、焙烧设备、焙烧方式、添加剂种类及配比、焙烧气氛、气流速度及入炉料粒度等，而通常情况下，从工艺的角度考虑，最主要的影响因素是焙烧温度和焙烧时间。本研究采用马弗炉为焙烧设备，在空气环境中，不添加任何添加剂进行焙烧，考查焙烧温度对钒氧化的影响。

图3－36为相同焙烧时间(3 h)下，焙烧温度与钒价态分布的关系，纵坐标为各价态钒的相对含量(占有率)。依据曲线变化规律，可将图3－36划分为三个区域(Ⅰ区、Ⅱ区和Ⅲ区)，分界线对应的焙烧温度分别为550℃和850℃左右。由图可见，V(Ⅲ)在焙烧温度范围内，相对含量先减小后基本保持不变，尤其是在600℃之前，变化幅度很大；温度超过600℃后，幅度有所减缓；温度超过850℃后，相对含量变化不大。V(Ⅲ)相对含量减少过程反映了其氧化过程，在600℃前，氧化反应很激烈，故减小幅度很大；在600～850℃范围，氧化反应有所减弱，故V(Ⅲ)相对含量曲线变化趋于平缓；850℃后，氧化反应达到平衡，相对含量基本无变化。

V(Ⅳ)相对含量变化曲线则先呈抛物线状后趋于水平，500～600℃出现一个峰值，为60%左右，峰值对应的焙烧温度约为550℃。在Ⅰ区范围内，V(Ⅳ)对应曲线急剧上升，V(Ⅳ)相对含量增加，这是V(Ⅲ)氧化为V(Ⅳ)的过程；在Ⅱ区范围内，V(Ⅳ)对应曲线急剧下降，V(Ⅳ)相对含量减少，在此范围内，同时存在V(Ⅲ)氧化为V(Ⅳ)和V(Ⅳ)氧化为V(Ⅴ)两个过程，并且，后者进行程度大于前者。在Ⅲ区范围内，曲线基本水平，V(Ⅳ)相对含量变化不大，约为20%，V(Ⅲ)和V(Ⅳ)的氧化反应均达到平衡状态。

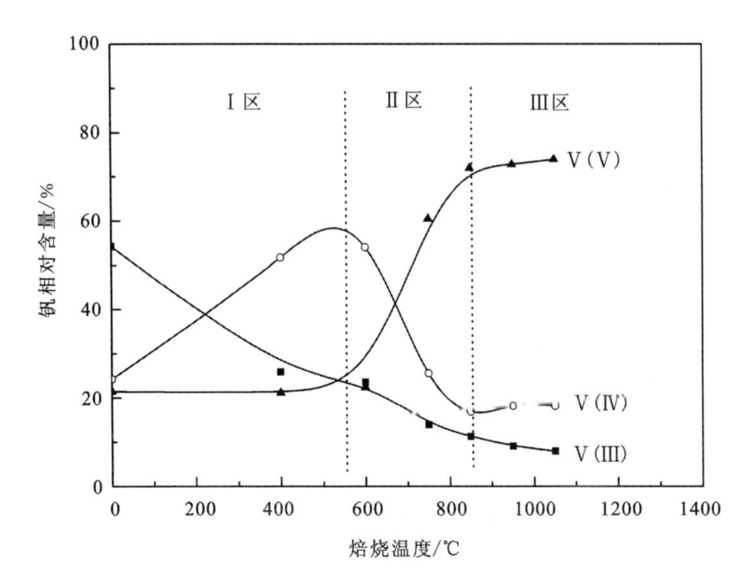

图3-36 焙烧温度与钒价态分布的关系

入炉粒度：75.2%小于0.074mm；焙烧时间：3 h

（焙烧温度为0对应的样品为未焙烧的石煤原矿）

V(Ⅴ)相对含量变化曲线则是由水平状态急剧上升并最终保持水平，为一台阶型曲线。在Ⅰ区范围内，V(Ⅴ)相对含量基本不变，表明此温度范围内，没有生成V(Ⅴ)的氧化反应发生；在Ⅱ区范围内，曲线有一个陡增的趋势，V(Ⅴ)相对含量由20%左右增加到70%左右，这是V(Ⅳ)急剧氧化的过程；焙烧温度高于850℃后，V(Ⅴ)相对含量保持在70%不再变化，表明V(Ⅲ)和V(Ⅳ)的氧化反应达到平衡。

由此可见，按照焙烧温度来划分，Ⅰ区(焙烧温度500~600℃)主要为V(Ⅲ)氧化反应区，主要反应是V(Ⅲ)氧化为V(Ⅳ)；Ⅱ区内(550~850℃)，V(Ⅲ)和V(Ⅳ)的氧化反应同时存在，但主要是V(Ⅳ)的氧化反应；Ⅲ区为平衡区，V(Ⅲ)和V(Ⅳ)的氧化反应均达到平衡。

应该指出的是，依据焙烧热力学分析结果可知，在Ⅰ区温度范围内，石煤中有机质和黄铁矿等还原性物质的氧化反应先于V(Ⅲ)的氧化反应发生。

单从低价态钒氧化的角度来说，适宜的焙烧温度应保证V(Ⅲ)和V(Ⅳ)氧化反应进行完全，达到平衡状态。从图3-36来看，较适宜的焙烧温度为850℃左右。事实上，各地石煤由于其自身性质的不同，其适宜的焙烧温度也是不同的，多在750～950℃范围内。

3.4.4 焙烧时间对钒氧化的影响

对于焙烧过程而言，如果说焙烧温度决定了相关反应和物相变化发生的可能性，焙烧时间则决定了其进行的程度。适宜的焙烧时间与钒氧化速率是相关的，钒氧化速率越快，钒氧化达到平衡所需的焙烧时间则越短。

图3－37为750℃时焙烧时间与钒价态分布的关系。图3－37与图3－36非常类似，也可以划分为三个区域，可将对应的焙烧时间划分三个时间段。Ⅰ时间段为0～0.8 h，主要进行的是V(Ⅲ)氧化为V(Ⅳ)的反应；Ⅱ时间段为0.8 h～2.0 h，主要进行的是V(Ⅳ)氧化为V(Ⅴ)的反应；Ⅲ时间段为2.0～3.0 h，钒氧化反应基本达到平衡，V(Ⅲ)、V(Ⅳ)和V(Ⅴ)相对含量保持不变。

由此可见，焙烧时间对钒氧化有重要影响。从图3－37可知，在750℃时，焙烧2 h，钒氧化反应可达到平衡。对于不同地方的石煤，由于性质不同，钒氧化达到平衡的时间不同，因而最优的焙烧时间亦不同。在制订焙烧工艺时，通过试验，可确定适宜的焙烧时间，以保证低价态钒的充分氧化，为钒浸出提供条件。

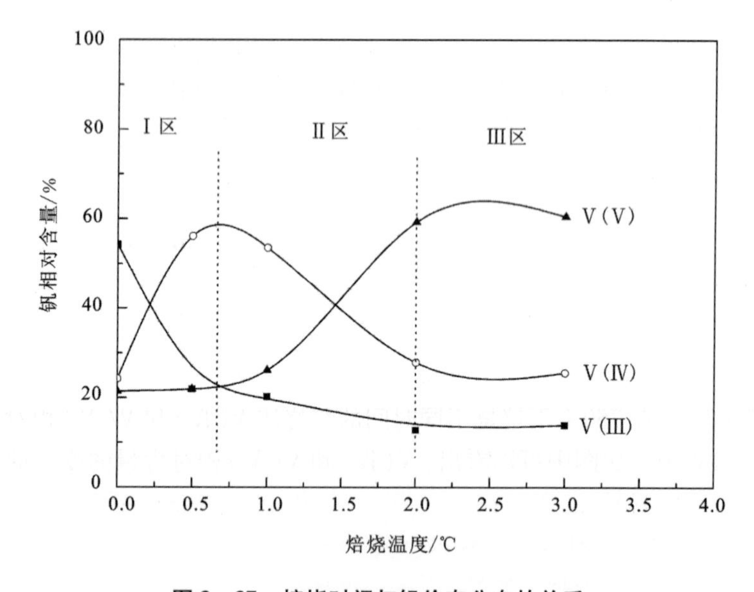

图3－37 焙烧时间与钒价态分布的关系

入炉粒度：75.2%小于0.074 mm；焙烧温度：750℃

（焙烧时间为0对应的样品为未焙烧的石煤原矿）

3.4.5 钒氧化与钒浸出的关系

不同焙烧条件下所获得的石煤焙烧渣，钒价态分布不同，通过在相同的浸出条件下对这些焙烧渣进行浸出试验，可比较钒浸出行为差异，探讨导致差异的原因与钒价态分布变化之间的关系。将不同温度焙烧渣在相同浸出条件下浸出，浸出条件为：3 mol/L H_2SO_4，液固比为 5∶1，在 95℃ 下浸出 4 h，搅拌速度为 600 r/min。

图 3-38 为 V(Ⅳ)和 V(Ⅴ)相对含量与钒浸出率之间的关系。图中，二者的关系可以分为两个阶段来看，在第一阶段，即 750℃之前，二者有很好的对应关系，V(Ⅳ)和 V(Ⅴ)的相对含量增加时，钒浸出率亦增加；而在第二阶段，即 750℃之后，二者关系则完全相反，随 V(Ⅳ)和 V(Ⅴ)相对含量增加，钒浸出率急剧减小。对于第一阶段的现象，比较容易理解，V(Ⅳ)和 V(Ⅴ)能很好地溶解于 3 mol/L H_2SO_4溶液中，故而由 V(Ⅲ)转化而生成的 V(Ⅳ)和 V(Ⅴ)量越大，浸出率越高。而对于第二阶段的现象，可以从 XRD 和 SEM 分析结果中获得解释，在一定焙烧温度下，物料发生烧结时，导致钒被包裹，钒一旦被包裹，则难以被浸出；焙烧温度越高，烧结越严重，被包裹的钒越多，因此，随 V(Ⅳ)和V(Ⅴ)的相对含量增加，能被浸出的 V(Ⅳ)和 V(Ⅴ)反而减少，故而浸出率降低。

从图 3-38 可看出，V(Ⅳ)和 V(Ⅴ)的相对含量随焙烧温度的升高不断增加，而从前面的分析已知，焙烧温度越高，钒包裹越严重，由此可见，钒包裹没有对 V(Ⅲ)和 V(Ⅳ)的氧化产生影响。这就意味着钒是先被氧化后被包裹的，如果 V(Ⅲ)或 V(Ⅳ)在发生氧化前已经被包裹，液相烧结形成的玻璃体结构致密，空气中氧气无法透过玻璃体表面与钒接触，则钒无法被氧化。

综上所述，钒氧化是钒被浸出的必要条件，而不是充分条件。钒浸出的两个前提条件是：V(Ⅲ)氧化为 V(Ⅳ)或 V(Ⅴ)；氧化生成的 V(Ⅳ)或 V(Ⅴ)未被包裹。

图 3-39 为在 750℃下焙烧不同时间的焙烧渣 V(Ⅳ)和 V(Ⅴ)相对含量与其浸出率的关系图。从图中可以看出，V(Ⅳ)和 V(Ⅴ)相对含量的变化曲线与钒浸出率变化曲线形状相似，焙烧时间小于 2 h 时，前者随焙烧时间的延长而增加，浸出率亦增加；焙烧 2 h 后，焙烧时间延长，V(Ⅳ)和 V(Ⅴ)相对含量变化不大，浸出率亦保持不变。需指出的是，图 3-39 中的数据是在焙烧温度为 750℃ 条件下获得的，而从前文的分析知 750℃焙烧不会使钒包裹。这表明，在钒不被包裹的前提下，钒氧化越完全，越有利于浸出。

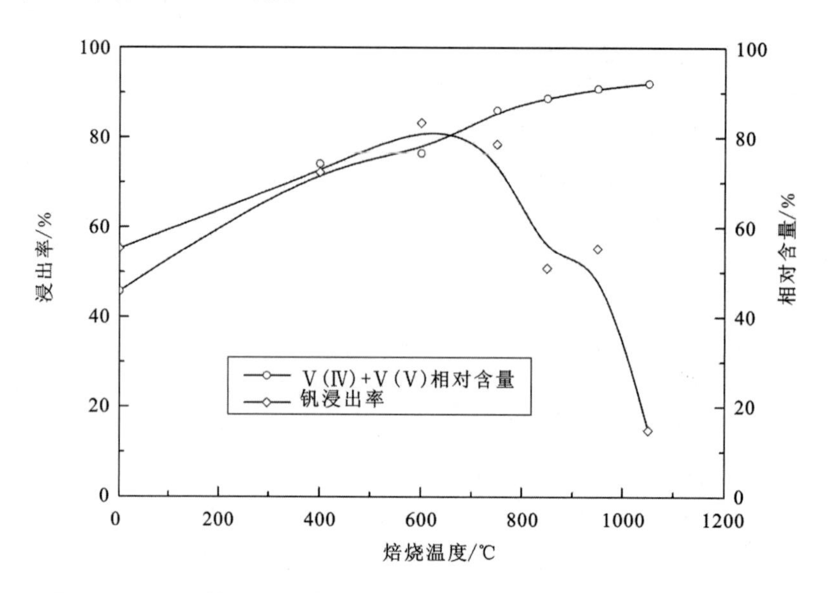

图3-38 不同焙烧温度样品V(Ⅳ)和V(Ⅴ)相对含量与钒浸出率关系

焙烧时间：3 h；浸出条件：3 mol/L H_2SO_4，液固比5∶1，95℃，浸出4 h

（焙烧温度为0对应的样品为未焙烧的石煤原矿）

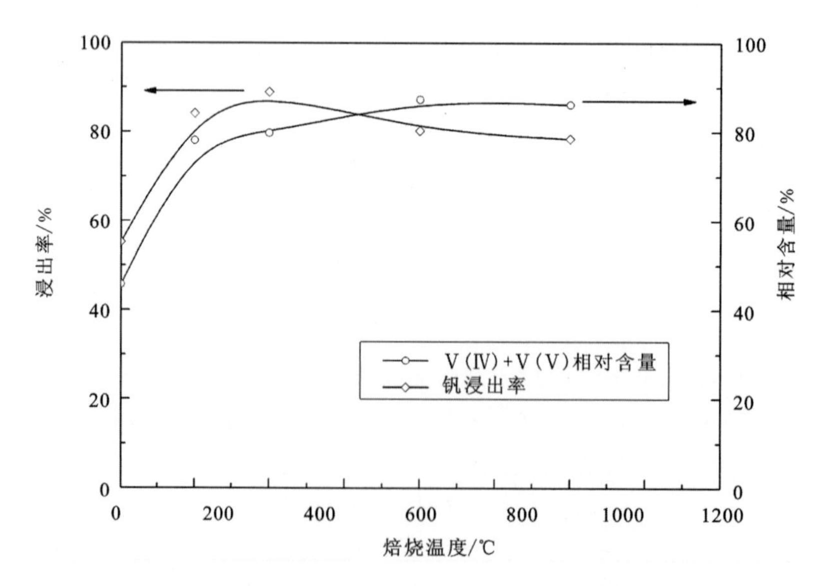

图3-39 不同焙烧时间样品V(Ⅳ)和V(Ⅴ)相对含量与钒浸出率关系

焙烧温度：750℃；浸出条件：3 mol/L H_2SO_4，液固比5∶1，95℃，浸出4 h

（焙烧时间为0对应的样品为未焙烧的石煤原矿）

3.5 本章小结

本章研究所获得的主要结论如下：

(1)对石煤氧化焙烧过程中的主要化学反应进行了热力学分析，绘制了有机质、黄铁矿、钒和方解石吉布斯自由能－温度图，考查了相关反应热力学可能性；石煤中有机质、黄铁矿和钒的氧化反应以及方解石分解反应，在热力学上都是可自发进行的；有机质、黄铁矿的氧化反应在热力学上比V(Ⅲ)氧化反应更易进行，石煤中有机质和黄铁矿的存在对钒氧化具有抑制作用。

(2)石煤TG－DSC分析和石煤不同温度焙烧渣XRD分析结果表明，焙烧过程中，随焙烧温度提高，先后发生有机质氧化、黄铁矿氧化为赤铁矿等反应；焙烧温度达850℃左右，伊利石晶体结构破坏，方解石发生分解；焙烧温度达1050℃左右时，石英向鳞石英转变。

(3)不同温度焙烧渣SEM分析结果表明，焙烧温度为750℃时，颗粒之间开始发生轻度熔融黏结现象；随焙烧温度提高，物料发生烧结，温度越高，烧结越严重；在焙烧温度超过低熔点物质的熔点，低熔点物质熔化而出现液相时，会使钒被包裹。

(4)石煤原矿中有丰富的微孔和中孔，焙烧可使石煤中孔的分布发生改变。750℃焙烧时，有机质发生氧化反应，微孔减少，平均孔径增大；1050℃焙烧时，发生烧结现象，有液相产生，大量微孔和中孔消失，比表面积、总的孔容显著减小，颗粒和颗粒之间形成大的孔腔。

(5)焙烧温度和焙烧时间对钒氧化有重要影响，提高焙烧温度、延长焙烧时间有利于钒的氧化；钒氧化过程可分为三个阶段，第一阶段主要为V(Ⅲ)氧化为V(Ⅳ)，第二阶段主要是V(Ⅳ)氧化为V(Ⅴ)，第三阶段V(Ⅲ)和V(Ⅳ)氧化反应达到平衡。

(6)钒能否被浸出，不仅与钒是否被氧化有关，而且与钒是否被包裹有关。V(Ⅲ)需氧化为V(Ⅳ)或V(Ⅴ)才可能被浸出，但如果钒被包裹，则难以被浸出。

第4章　焙烧渣酸浸过程热力学分析

4.1　引言

焙烧是浸出前对石煤进行的预处理过程，目的是改变钒的赋存状态，使其由难浸出状态变为易浸出状态。第3章对石煤焙烧过程进行了详细的研究，并认识了石煤焙烧渣的相关性质，本章主要对石煤焙烧渣硫酸浸出体系进行浸出热力学分析，从理论上分析浸出过程中主要物质——含钒矿物（伊利石）、石英、高岭石和赤铁矿可能发生的化学反应及反应进行的程度，为揭示焙烧渣中钒浸出提供理论基础。

4.2　钒溶液化学性质

钒是石煤浸出的目的元素，认识钒在一定条件下的溶解性能及其在溶液中的存在状态等溶液化学性质，有助于认识石煤中钒的浸出行为及机理。

4.2.1　钒溶解度

1. 钒氧化物溶解度

钒是一种过渡金属，它具有可变的氧化数，能生成+2、+3、+4、+5等价态的氧化物，对应的氧化物为VO、V_2O_3、VO_2（V_2O_4）、V_2O_5。VO不溶于水，易溶于稀酸；V_2O_3不溶解于水和碱，可溶于酸，生成三价钒盐；VO_2（V_2O_4）不溶解于水，易溶解于酸和碱中；V_2O_5为两性氧化物，以酸性为主，微溶于水，能溶于强酸（$pH<1$）和强碱中，分别生成VO_2^+和VO_3^-（或$V_2O_7^{4-}$、VO_4^{3-}）。

VO_2（V_2O_4）和V_2O_5的溶解度与溶液pH关系分别见图4－1和图4－2。由图4－1可以看出，当pH为5.0左右时，V_2O_4的溶解度最小，约为$10^{-4.8}$克原子钒/升（即0.8毫克钒/升）；由图4－2可看出，当pH为1.6左右时，V_2O_5的溶解度最小，约为$10^{-1.8}$克原子钒/升（即816毫克钒/升）。

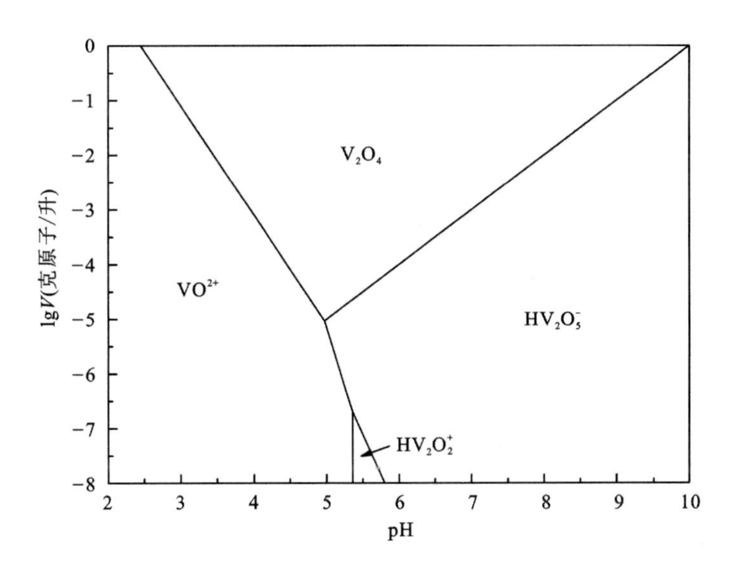

图 4 - 1　V_2O_4溶解度图(25℃)[14, 159]

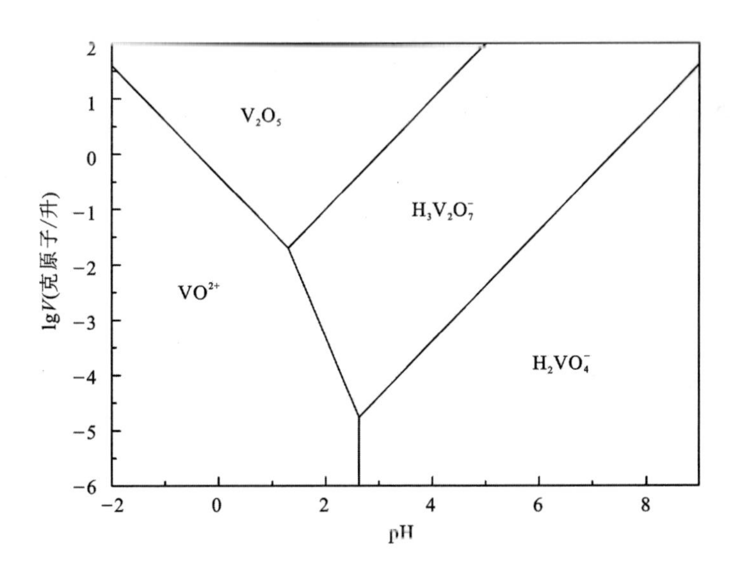

图 4 - 2　V_2O_5溶解度图(25℃)[14, 159]

2. 钒酸盐溶解度

钒的含氧酸盐大体可分为三类，其溶解性如下[160~163]：

(1)钒的碱金属盐。主要有钒酸钾、钒酸钠等，偏钒酸钠($NaVO_3$)、焦钒酸钠($Na_4V_2O_7$)和正钒酸钠(Na_3VO_3)较为常见，这些盐均易溶于水，其在水中的水解平衡实际上是钒酸根离子的水解平衡。四价钒酸钠(Na_2VO_3、$Na_2V_2O_3$)均可溶解于稀硫酸。四价和五价钒还可与钠形成化合物，如 $Na_2O \cdot V_2O_4 \cdot V_2O_5 \cdot nH_2O$ ($n=4$或7)。

(2)钒的碱土金属盐。主要有钙镁钒酸盐，较重要的有正钒酸钙和焦钒酸钙。这两种钙盐的溶解度均很低，因此可用于从稀溶液中富集钒，向低浓度钒溶液中加入可溶性钙盐，即可使钒以钙的钒酸盐形式从溶液中分离出来。图4-3为钙镁钒酸盐的溶解度图，从图可以看出，钙镁钒酸盐溶解度随温度升高显著增加，偏钒酸镁的溶解度明显大于偏钒酸钙。

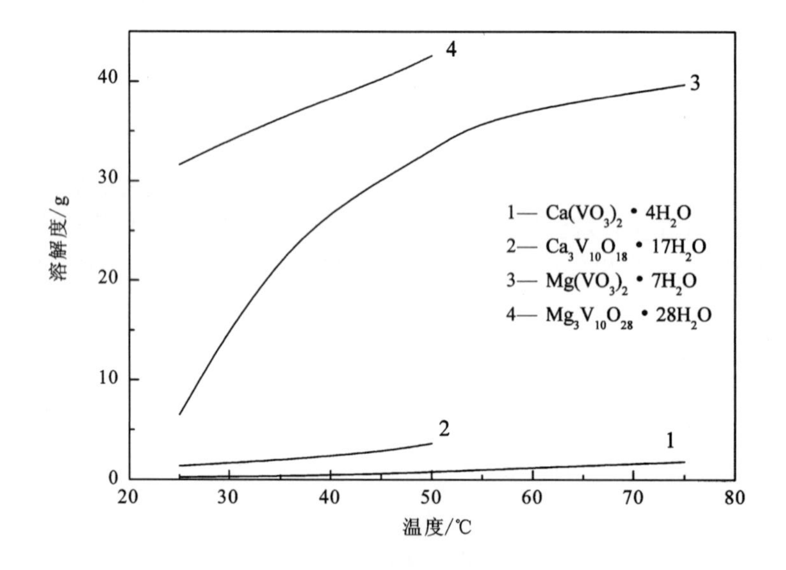

图4-3　钙镁钒酸盐的溶解度图

(3)钒的铵盐。钒的铵盐中最重要的是偏钒酸铵(NH_4VO_3)，其微溶于水，在不同温度水中的溶解度见表4-1。在水中有铵离子存在时，由于同离子效应，可使 NH_4VO_3 溶解度降低。铵盐沉钒即是利用其溶解度小的性质，铵盐沉钒克服了钠离子的影响，故而易获得高纯度的钒产品。

表 4-1　偏钒酸铵在不同温度水中的溶解度

温度/℃	0	12.5	18	20	25	35	45	55	60	70
溶解度/g	0.066	0.44	0.435	0.510	0.608	1.077	1.571	1.997	2.55	3.047

4.2.2　钒在水溶液中的聚集状态

五价钒具有较大的电荷半径比，所以其在水溶液中不是以简单的 V^{5+} 存在，而是和氧结合，以钒酸根阴离子或钒氧基离子存在[164]。钒在溶液中能以多种聚集状态存在，且能水解和多聚，故其在溶液中的聚集状态相当复杂，钒在水溶液中的主要平衡反应[165, 166]见表 4-2。目前的研究结果表明，其聚集状态和钒自身的浓度以及溶液的 pH 有关。研究人员[165]总结了这方面的资料，绘制了 pH、钒浓度和钒聚集状态之间关系的区域图，见图 4-4，图中每一区域有一种离子占优势，一共有十二种离子形式(单核或者聚合物)[167]。从图中可以看出，在钒浓度较低时(小于 10^{-4} mol)，在各种 pH 范围内，其均以单核存在，随着溶液中钒浓度的增加，其聚集状态开始随溶液的 pH 改变而变化。在一定钒浓度下，从碱性和弱碱性钒溶液中结晶析出的是正钒酸盐和焦钒酸盐；当 pH 降低到接近中性时，则结晶析出偏钒酸盐(三聚体或四聚体)；从弱酸性和酸性溶液中结晶析出的则是更大聚合度的有色的多聚钒酸盐；当含钒溶液的 pH 增加到小于 1 时，多聚钒酸根离子遭到破坏，发生反应[2]：($H_2V_{12}O_{31} + 12H^+ \rightleftharpoons 12VO_2^+ + 7H_2O$)，故而钒主要以 VO_2^+ 形式存在。

表 4-2　钒溶液中存在的主要平衡反应

反应方程式	pH 范围	编号
$VO_4^{3-} + H^+ \rightleftharpoons HVO_4^{2-}$	14~11	(4-1)
$2HVO_4^{2-} \rightleftharpoons V_2O_7^{4-} + H_2O$	12~10	(4-2)
$2V_2O_7^{4-} + 4H^+ \rightleftharpoons [V_4O_{12}]^{4-} + 2H_2O$	~9	(4-3)
$5[V_4O_{12}]^{4-} + 8H^+ \rightleftharpoons 2[V_{10}O_{28}]^{6-} + 4H_2O$	4~6	(4-4)
$3[H_2V_{10}O_{28}]^{4-} + H_2O \rightleftharpoons 5[HV_6O_{17}]^{3-} + 3H^+$		(4-5)
$6[V_{10}O_{28}]^{6-} + 36H^+ \rightleftharpoons 6[H_6V_{10}O_{28}]^{6-} \rightleftharpoons 5[H_2V_{12}O_{31}] + 13H_2O$	1.6	(4-6)
$H_2V_{12}O_{31} + 12H^+ \rightleftharpoons 12[VO_2]^+ + 7H_2O$	<1	(4-7)

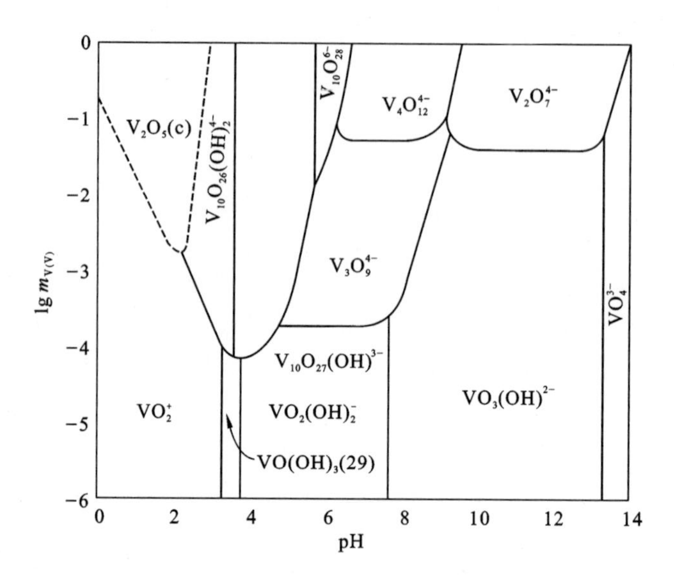

图4-4 不同pH和总钒浓度下，钒聚集状态图(25℃)[14, 165]

与五价钒(V^{5+})相比，其他价态钒离子在溶液中聚集状态相对简单些。

四价钒离子(V^{4+})在溶液中同样不能以V^{4+}形式存在，其稳定存在形式为钒氧离子VO^{2+}，在水溶液中钒氧基离子常以四角双锥的$VO(H_2O)_5{}^{2+}$形式存在，部分V^{4+}在稀溶液中(<10^{-3} mol)水解成二聚物[167]。在碱性溶液中，可以亚钒酸根离子($V_4O_9{}^{2-}$或$V_2O_5{}^{2-}$)形式存在。

三价钒离子(V^{3+})在没有氧化剂存在的溶液中是稳定的，如有氧化剂存在时，易被氧化。V^{3+}易发生水解，其在水溶液中主要以水合态离子形式存在，且和溶液中离子强度有密切关系[168, 169]。

二价钒离子(V^{2+})在中性或酸性溶液中强烈吸收氧气，并能分解水，将NaOH或KOH加入二价钒盐溶液中，会有褐色的$V(OH)_2$生成。$V(OH)_2$在水中不稳定，与水反应放出氢气：$2V(OH)_2 + 2H_2O = 2V(OH)_3 + H_2\uparrow$。

4.2.3 钒-水体系电位-pH图

氧化还原电位有着特殊的重要性，物质在水溶液中的溶解性以及存在形态与溶液的电位有着密切的联系，这也是物质溶液化学性质的一个重要方面。

钒由于具有多种价态，其在水溶液中电化学反应比较复杂，E. 德尔汤比对水溶液中钒化合物的电化学反应进行了大量的研究。钒在水溶液中的主要电化学反应有[170, 171]：

表 4－3　钒－水体系主要电化学反应

	反应方程式	电位与 pH 关系	编号
a	$V^{3+}+H_2O = VOH^{2+}+H^+$	$\lg\frac{(VOH^{2+})}{(V^{3+})}=-2.92+pH$	(4－8)
b	$VOH^{2+} = VO^{+}+H^+$	$\lg\frac{(VO^{+})}{(VOH^{2+})}=-3.52+pH$	(4－9)
c	$2VO^{2+}+3H_2O = HV_2O_5^-+5H^+$	$\lg\frac{(HV_2O_5^-)}{(VO_2{}^{2+})^2}=-20.12+5pH$	(4－10)
d	$2VO_2^++3H_2O = H_3V_2O_7^-+3H^+$	$\lg\frac{(H_3V_2O_7^-)}{(VO_2^+)^2}=-3.10+3pH$	(4－11)
e	$H_3V_2O_7^-+H_2O = 2H_2VO_4^-+H^+$	$\lg\frac{(H_2VO_4^-)}{(H_3V_2O_7^-)}=-7.38+pH$	(4－12)
f	$H_2VO_4^- = HVO_4^{2-}+H^+$	$\lg\frac{(HVO_4^{2-})}{(H_2VO_4^-)}=-9.52+pH$	(4－13)
g	$HVO_4^{2-} = VO_3^{3-}+H^+$	$\lg\frac{(VO_3^{3-})}{(HVO_4^{2-})}=-11.50+pH$	(4－14)
1	$V^{3+}+e = V^{2+}$	$E_0=-0.255+0.0591\lg\frac{V^{3+}}{V^{2+}}$	(4－15)
2	$V^{2+}+H_2O = VOH^{2+}+H^++e$	$E_0=-0.082-0.0591pH+0.0591\lg\frac{(VOH^{2+})}{(V^{2+})}$	(4－16)
3	$V^{2+}+H_2O = VO^{+}+2H^++e$	$E_0=0.126-0.1182pH+0.0591\lg\frac{(VO^{+})}{(V^{2+})}$	(4－17)
4	$VO^{+} = VO^{2+}+e$	$E_0=-0.044+0.0591\lg\frac{(VO^{2+})}{(VO^{+})}$	(4－18)
5	$V^{3+}+H_2O = VO^{2+}+2H^++e$	$E_0=0.337-0.1182pH+0.0591\lg\frac{(VO^{2+})}{(V^{3+})}$	(4－19)
6	$VOH^{2+} = VO^{2+}+H^++e$	$E_0=0.164-0.0591pH+0.0591\lg\frac{(VO^{2+})}{(VOH^{2+})}$	(4－20)
7	$2VO^{+}+3H_2O = HV_2O_5^-+5H^++2e$	$E_0=0.551-0.1477pH+0.0295\lg\frac{(HV_2O_5^-)}{(VO^{+})^2}$	(4－21)

续表 4-3

	反应方程式	电位与 pH 关系	编号
8	$VO^{2+} + H_2O = VO_2^+ + 2H^+ + e$	$E_0 = 1.004 - 0.1182pH + 0.0591\lg\frac{(VO_2^+)}{(VO^{2+})}$	(4-22)
9	$2VO^{2+} + 5H_2O = H_3V_2O_7^- + 7H^+ + 2e$	$E_0 = 1.096 - 0.2068pH + 0.0295\lg\frac{(H_3V_2O_7^-)}{(VO^{2+})^2}$	(4-23)
10	$HV_2O_5^- + 2H_2O = H_3V_2O_7^- + 2H^+ + 2e$	$E_0 = 0.501 - 0.0591pH + 0.0295\lg\frac{(H_3V_2O_7^-)}{(HV_2O_5^-)}$	(4-24)
11	$HV_2O_5^- + 3H_2O = 2H_2VO_4^- + 3H^+ + 2e$	$E_0 = 0.719 - 0.0886pH + 0.0295\lg\frac{(H_2VO_4^-)^2}{(HV_2O_5^-)}$	(4-25)
12	$HV_2O_5^- + 3H_2O = 2HVO_4^{2-} + 5H^+ + 2e$	$E_0 = 1.281 - 0.1477pH + 0.0295\lg\frac{(HVO_4^{2-})^2}{(HV_2O_5^-)}$	(4-26)
13	$HV_2O_5^- + 3H_2O = 2VO_4^{3-} + 7H^+ + 2e$	$E_0 = 1.962 - 0.2068pH + 0.0295\lg\frac{(VO_3^{3-})^2}{(HV_2O_5^-)}$	(4-27)

依据式(4-8)到式(4-27)，可绘制出钒-水体系的电位-pH图，见图4-5。由图可以看出，电位和pH对钒的存在形态和价态有影响。在强酸性条件下(pH<1)，依据电位的不同，钒分别以不同价态的阳离子形式存在(VO_2^+、VO^{2+}、V^{3+}和V^{2+})。

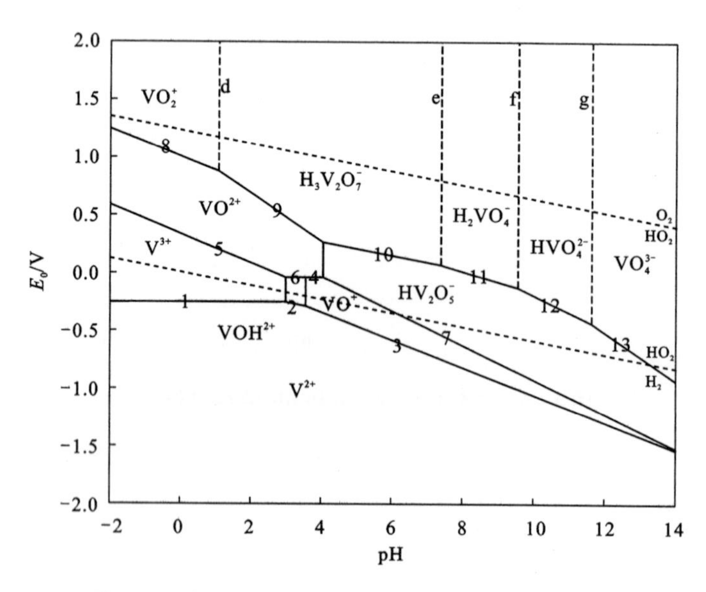

图 4-5 钒-水体系电位-pH 图(25℃, 100 kPa)

4.3 石英溶解反应

石英是石煤焙烧渣中最主要的矿物，含量约70%。在焙烧渣酸浸过程中，石英能否发生溶解反应，反应程度如何，对整个浸出过程有何影响，这是需要关注的问题。

4.3.1 石英溶解度

硅元素总是和氧结合成为SiO_2的基本形态，称为二氧化硅或者硅石，简称为硅。二氧化硅除在水中外，尚未证明还能在其他液体中溶解，其溶解反应可写作[172]：

$$SiO_{2\ (ar)} + 2H_2O = H_4SiO_{4(aq)} \tag{4-28}$$

图4-6为石英和非晶质二氧化硅溶解度与pH的关系图。从图中可以看出，石英在酸性条件下，溶解度为7 mg/L左右。当pH增高到9.0~9.5时，溶解度急剧增加；当pH>11时，溶解度可高达5 g/L。在相同条件下，非晶质二氧化硅溶解度大大高于石英溶解度。

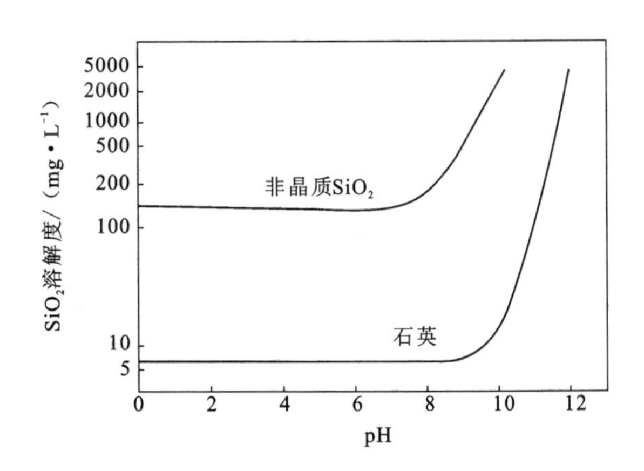

图4-6 二氧化硅溶解度和pH关系(25℃)[173]

4.3.2 石英-水体系浓度对数图

$Si(OH)_{4(aq)}$是硅在水中的最基本的单体或单核物形态，常称作单硅酸或正硅酸，多写作$H_4SiO_{4(aq)}$。单硅酸酸性极弱，在pH为2~3时可以稳定。浓度小于2 mmol/L(120 mg/L)时，可以在25℃的稀水溶液中长期存在；在较高浓度下会发生聚合，最初为低分子量的聚硅酸，然后增大聚合态成为胶体颗粒。

硅在水溶液中的形态和溶液 pH 有关，亦和其浓度密切相关。硅浓度较高且达到饱和时，会发生聚合作用，可形成硅溶胶或凝胶，其形态更加复杂[174, 175]。

不考虑聚合的影响，把硅酸完全作为单核物，其主要的平衡反应如下：

$$SiO_{2\ (qr)} + 2H_2O \Longrightarrow H_4SiO_{4\ (aq)} \qquad K_1 = 10^{6.7} \tag{4-29}$$

$$H_4SiO_{4\ (aq)} \Longrightarrow H_3SiO_4^- + H^+ \qquad K_2 = 10^{-9.43} \tag{4-30}$$

$$H_3SiO_4^- \Longrightarrow H_2SiO_4^{2-} + H^+ \qquad K_3 = 10^{-12.56} \tag{4-31}$$

依据相关的热力学数据，可计算出各反应的平衡常数[176, 177]，并计算各组分浓度和 pH 的关系[178, 179]，如下：

$$\lg[H_4SiO_{4(aq)}] = -2.7 \tag{4-32}$$

$$\lg[H_3SiO_4^-] = -12.13 + pH \tag{4-33}$$

$$\lg[H_2SiO_4^{2-}] = -24.69 + 2pH \tag{4-34}$$

由公式(4-32)到公式(4-34)，可绘制硅溶液体系浓度对数图，见图 4-7。此外，依据公式(4-35)和公式(4-36)：

$$[OH^-][H^+] = 10^{-14} \tag{4-35}$$

$$[Si]_{总} = [H_4SiO_{4(aq)}] + [H_3SiO_4^-] + [H_2SiO_4^{2-}] \tag{4-36}$$

还可进一步绘制出硅溶液体系中各组分分布图，见图 4-8。由图 4-7 和图 4-8 可以看出，在 pH<9 范围内，$H_4SiO_{4(aq)}$ 为优势组分；在 pH 9~12 区间，$H_3SiO_4^-$ 为优势组分；而在 pH>12 时，$H_2SiO_4^{2-}$ 为优势组分。

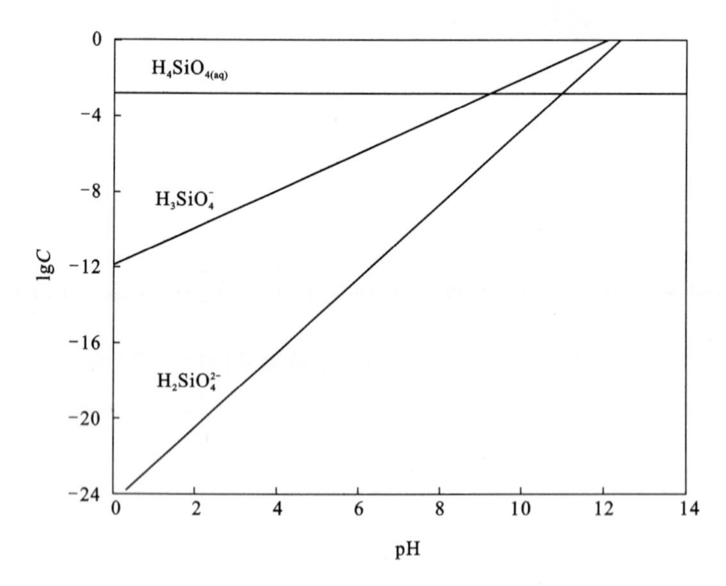

图 4-7　硅水溶液浓度对数图(25℃)

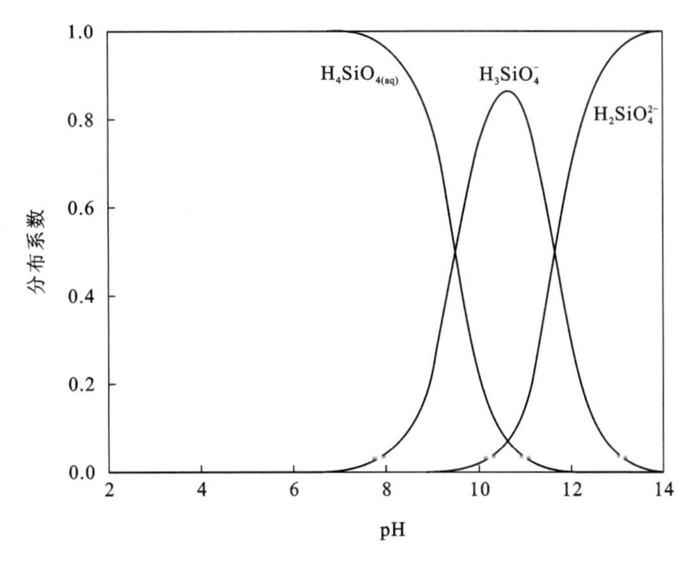

图 4-8 单核硅在溶液中组分分布图(25℃)

4.4 伊利石溶解反应

为便于讨论和计算，在进行热力学分析时，以伊利石代替含钒伊利石作为研究对象。伊利石是含钾的铝硅酸盐，其溶解过程主要涉及铝、硅和钾等元素的溶解。钾是易溶的碱金属，在水溶液中的赋存状态比较简单，可不考虑；硅的溶解行为在 4.2 小节已作论述，下面重点讨论铝的溶解行为。

4.4.1 铝-水体系浓度对数图

不考虑固体与羟基络合物的一系列平衡时，Al_2O_3 在酸中的溶解反应可写成[180, 181]：

$$Al_2O_{3\,(s)} + 6H^+ \rightleftharpoons 2Al^{3+} + 3H_2O \tag{4-37}$$

Al^{3+} 在溶液中的可发生如下反应[178]：

$$Al^{3+} + OH^- = Al(OH)^{2+} \qquad K_1 = 10^{9.01} \tag{4-38}$$

$$Al^{3+} + 2OH^- = Al(OH)_2^+ \qquad K_2 = 10^{18.7} \tag{4-39}$$

$$Al^{3+} + 3OH^- = Al(OH)_{3\,(aq)} \qquad K_3 = 10^{27.0} \tag{4-40}$$

$$Al^{3+} + 4OH^- = Al(OH)_4^- \qquad K_4 = 10^{33.0} \tag{4-41}$$

由上述反应方程式，计算溶液中离子浓度与 pH 关系式，如下：

$$\lg[Al^{3+}] = 7.58 - 3pH \tag{4-42}$$

$$\lg[Al(OH)^{2+}] = 2.59 - 2pH \tag{4-43}$$

$$\lg[Al(OH)_2^+] = -1.72 - pH \tag{4-44}$$

$$\lg[Al(OH)_{3(aq)}] = -7.42 \tag{4-45}$$

$$\lg[Al(OH)_4^-] = -15.42 + pH \tag{4-46}$$

由式(4-42)到式(4-46)，可绘制出铝-水体系的浓度对数图，见图4-9。由图4-9可以看出，在 $pH<4.5$ 区间，存在形式以 Al^{3+} 和 $Al(OH)^{2+}$ 为主；在 pH 4.5~5.7 区间，以 $Al(OH)_2{}^+$ 为主；在 pH 5.7~7.8 区间，$Al(OH)_{3(aq)}$ 是主要组分；$pH>7.8$ 时，$Al(OH)_4^-$ 是主要组分。

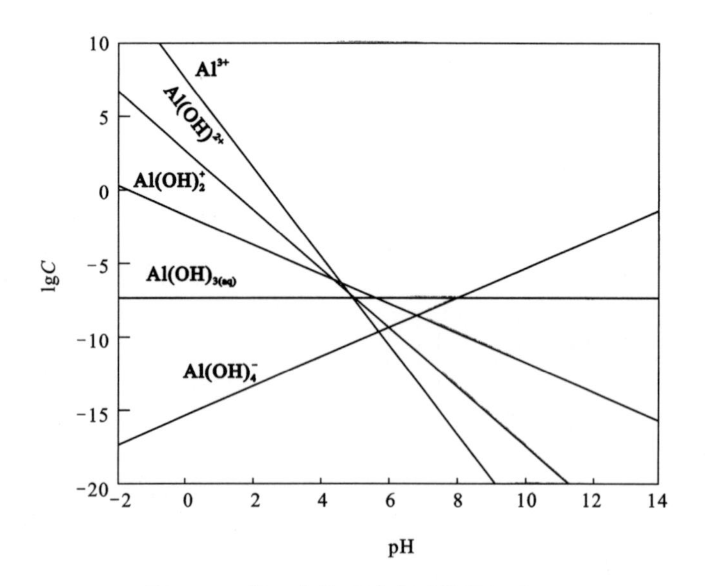

图4-9 铝-水体系浓度对数图(25℃)

4.4.2 铝-水体系电位-pH图

依据表4-4中铝-水体系中主要的平衡方程式[182, 183]，计算出电位与 pH 的关系式，并绘制25℃时电位-pH图，见图4-10。由图可看出，铝标准电极电位在-1.7V左右，低于氢线。在酸性溶液中（$pH<2.65$），该体系以 Al^{3+} 形式存在，且随铝离子浓度减小，其存在电位-pH对应的区间增大。在强碱性条件下，以 $Al(OH)_4^-$ 形式存在。

表 4-4 铝-水体系主要电化学反应

反应方程式	电位与 pH 关系	编号
$Al^{3+} + 3e = Al$	$E_0 = -1.688 + 0.0197\lg[Al^{3+}]$	(4-47)
$Al(OH)_3 + 3H^+ = Al^{3+} + 3H_2O$	$pH = 2.64 - 1/3\lg[Al^{3+}]$	(4-48)
$Al(OH)_3 + 3H^+ + 3e = Al + 3H_2O$	$E_0 = -1.532 - 0.05916pH$	(4-49)
$Al(OH)_3 + H_2O = Al(OH)_4^- + H^+$	$pH = 15.239 + \lg[Al(OH)_4^-]$	(4-50)

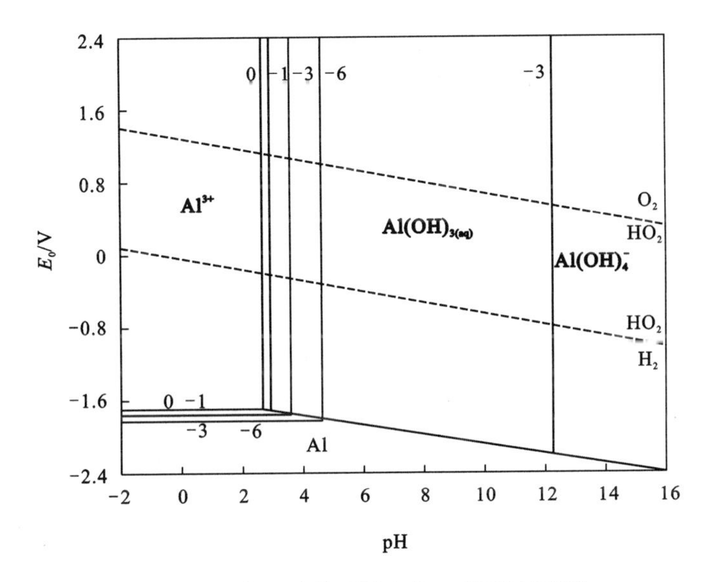

图 4-10 铝-水体系的电位-pH 图(25℃)

4.4.3 伊利石-水体系浓度对数图

伊利石在酸中的溶解，主要是铝、硅和钾的溶解；只考虑硅和铝的溶解时，依据公式(4-32)到公式(4-34)、公式(4-42)到公式(4-46)，可绘制出伊利石在水溶液中溶解组分的浓度对数图，见图 4-11。由图可以看出，酸性条件下，伊利石溶解组分主要为正离子组分 Al^{3+} 和 $Al(OH)^{2+}$，碱性条件下，其溶解组分主要为 $H_3SiO_4^-$、$H_2SiO_4^{2-}$ 和 $Al(OH)_4^-$，中性条件下，$H_4SiO_{4(aq)}$ 为主要溶解组分。

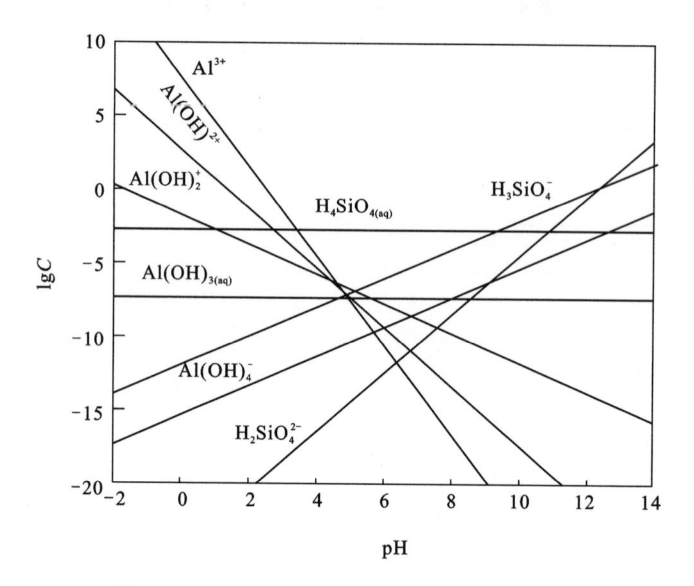

图4-11 伊利石-水体系浓度对数图(25℃)

4.4.4 标准平衡常数计算

伊利石在酸溶液中的溶解反应可以表示为：

$$KAl_2(AlSi_3O_{10})(OH)_{2(s)}+10H^+ = K^+ +3Al^{3+} +3H_4SiO_{4(aq)} \quad (4-51)$$

从手册中[184]可查找到相关物质的吉布斯自由能数据，见表4-5。依据表4-5中数据，可计算伊利石溶解反应式(4-51)的吉布斯自由能变和溶解反应平衡常数，见表4-6。

表4-5 伊利石水溶液体系高温热力学数据[184]

温度/K	$G_T^\ominus/(kJ\cdot mol^{-1})$				
	$KAl_2(AlSi_3O_{10})(OH)_{2(s)}$	H^+	K^+	Al^{3+}	$H_4SiO_{4(aq)}$
298.15	-6033.21	6.238344	-276.06	-416.726	-1515.65
323.15	-6040.76	6.640008	-278.194	-407.488	-1520.29
348.15	-6048.98	6.794816	-282.851	-398.99	-1525.28
373.15	-6057.83	6.706952	-283.257	-391.618	-1530.65

表 4 –6　伊利石溶解反应标准平衡常数

温度/K	$\triangle G_T^{\ominus}/(kJ \cdot mol^{-1})$	$\ln K_T^{\ominus}$	$K_T^{\ominus}$
298. 15	–102. 34901	41. 29	8.55×10^{17}
323. 15	–87. 165272	32. 44	1.23×10^{14}
348. 15	–72. 379016	25. 01	7.24×10^{10}
373. 15	–58. 165968	18. 75	1.39×10^{8}

由表 4 –6 可以看出，在各温度下，溶解反应的$\triangle G^T$均小于零，表明溶解反应在此条件下可自发进行；溶解反应在各温度下的标准平衡常数较大，最小为1.39×10^8($\ln K^T = 18.75$)，说明溶解反应可进行的程度很大。

4.5　高岭石溶解反应

4.5.1　浓度对数图

高岭石和伊利石同属于层状铝硅酸盐矿物，组成元素亦主要为硅和铝，其溶解情况和伊利石类似，主要涉及硅和铝的溶解。硅在溶液中的平衡反应可见公式(4 –29)到公式(4 – 31)，铝在水溶液中的溶解平衡式见公式(4 – 37)到公式(4 –41)；依据公式(4 –32)到公式(4 –34)、公式(4 –42)到公式(4 –46)，可绘制出高岭石溶解的浓度对数图，高岭石溶解组分浓度对数图和伊利石溶解组分浓度对数图(图 4 – 11)相同(不考虑K^+)。

4.5.2　标准平衡常数计算

高岭石在酸溶液中的溶解反应可以表示为：

$$Al_4[Si_4O_{10}](OH)_{8\,(s)} + 12H^+ = 4Al^{3+} + 4H_4SiO_{4\,(aq)} + 2H_2O \quad (4-52)$$

依公式(4 –52)，参照相关手册中的数据[184]，计算高岭石溶解反应的标准平衡常数，见表 4 –7。从表 4 –7 可以看出，各温度下，溶解反应的吉布斯自由能变均为负值，且绝对值较大，$\ln K^T$值亦较大，表明溶解反应进行趋势很大，可进行得非常完全。

表4-7 高岭石水溶液体系高温热力学数据[184]

温度/K	$G_T^\ominus/(kJ \cdot mol^{-1})$				
	$Al_4(Si_4O_{10})(OH)_{8(s)}$	H^+	Al^{3+}	$H_4SiO_{4(aq)}$	$H_2O_{(l)}$
298.15	-4158.60312	6.238344	-416.726	-1515.65	-306.683
323.15	-4163.93354	6.640008	-407.488	-1520.29	-308.495
348.15	-4169.76185	6.794816	-398.99	-1525.28	-310.424
373.15	-4176.0755	6.706952	-391.618	-1530.65	-312.465

表4-8 高岭石溶解反应标准平衡常数

温度/K	$\Delta G_T^\ominus/(kJ \cdot mol^{-1})$	$\ln K_T^\ominus$
298.15	-6712.5753	2707.97
323.15	-6711.8054	2498.19
348.15	-6713.0983	2319.24
373.15	-6716.6254	2165.00

比较表4-6和表4-8可发现，高岭石的溶解反应标准平衡常数远大于伊利石，这或许与二者的晶体结构有关，高岭石为1:1型结构，而伊利石为2:1型结构，高岭石中铝氧八面体可直接与浸出剂接触，而伊利石中铝氧八面体则不能。

4.6 赤铁矿溶解反应

4.6.1 电位-pH图

石煤原矿中含有约3.9%的黄铁矿，石煤在750℃焙烧后，黄铁矿氧化为赤铁矿(Fe_2O_3)。在酸浸过程中，赤铁矿会发生溶解反应，其反应方程式可写作：

$$Fe_2O_{3(s)} + 6H^+ = 2Fe^{3+} + 3H_2O \tag{4-53}$$

在不考虑铁离子水解时，赤铁矿在水溶液中溶解的主要方程式[185]可见表4-9。依据表4-9可绘制出赤铁矿溶解平衡时的电位-pH图，见图4-12。

表 4－9　赤铁矿溶解反应方程式及电位与 pH 关系

反应方程式	电位与 pH 关系式	编号
$Fe^{3+} + e = Fe^{2+}$	$E = 0.769 + 0.0591\ \lg[Fe^{3+}]/[Fe^{2+}]$	(4－54)
$Fe_2O_3 + 6H^+ = 2Fe^{3+} + H_2O$	$E = -0.24 - 1/3\ \lg[Fe^{3+}]$	(4－55)
$Fe_2O_3 + 2H^+ + 2e = 2Fe_3O_4 + H_2O$	$E = 0.221 - 0.0592\ pH$	(4－56)
$3Fe_2O_3 + 6H^+ + 2e = 2Fe^{2+} + 3H_2O$	$E = 0.728 - 0.177\ pH - 0.0592\ \lg[Fe^{2+}]$	(4－57)
$Fe_3O_4 + 8H^+ + 2e = 3Fe^{2+} + 4H_2O$	$E = 0.98 - 0.236\ pH - 0.0885\ \lg[Fe^{2+}]$	(4－58)

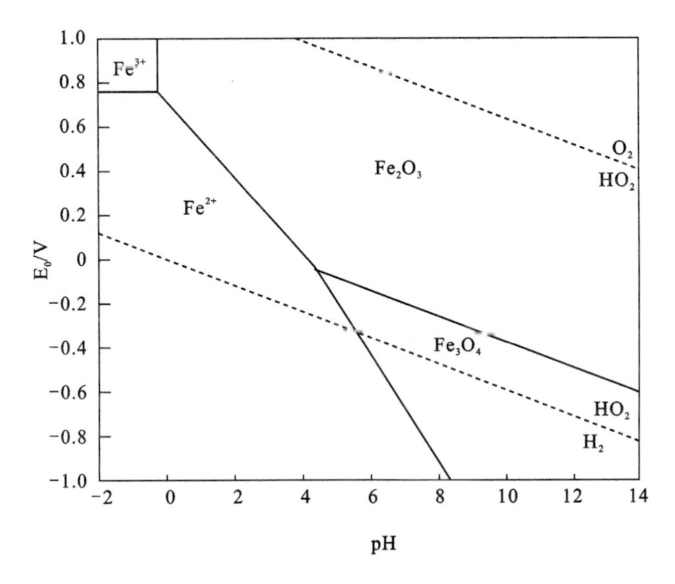

图 4－12　赤铁矿溶解平衡电位－pH 图（25℃，[Me]＝0.1 mol/L）

由图 4－12 可以看出，赤铁矿在水中溶解 pH 区间为 pH＜4，而 Fe^{3+} 只在高电位（＞0.77V）、低 pH（pH＜0）条件下存在。

4.6.2　标准平衡常数计算

依据表 4－10 中的热力学数据，计算式（4－53）的标准平衡常数，结果见表 4－11。由表 4－11 可以看出，式（4－53）反应 ΔG_T 值大于零，反应不可自发进行，说明赤铁矿在酸浸过程中不易浸出。

表 4-10 赤铁矿水溶液体系高温热力学数据[184]

温度/K	$G^T/(kJ \cdot mol^{-1})$			
	$Fe_2O_{3(s)}$	H^+	Fe^{3+}	H_2O
298.15	-850.319	6.238344	64.36247	-306.683
323.15	-852.616	6.640008	73.45849	-308.495
348.15	-855.122	6.794816	81.81812	-310.424
373.15	-857.829	6.706952	89.44137	-312.465

表 4-11 赤铁矿溶解反应标准平衡常数

温度/K	$\Delta G_T^\ominus/(kJ \cdot mol^{-1})$	$\ln K_T^\ominus$	K_T
298.15	21.56434	-8.69944	1.67×10^{-4}
323.15	34.20838	-12.7326	2.95×10^{-6}
348.15	46.71854	-16.1403	9.78×10^{-8}
373.15	59.0739	-19.0415	5.37×10^{-9}

4.7 本章小结

本章研究了钒在水溶液中的溶解度以及其在水溶液中的集聚状态，绘制了钒-水体系的电位-pH图；考查了石煤焙烧渣中的主要矿物——(含钒)伊利石、石英、高岭石和赤铁矿在浸出过程中的浸出反应及反应进行的限度，获得了以下结论：

(1)钒氧化物溶解度较低，钒在水溶液中的聚集状态比较复杂，与溶液pH及钒自身浓度均有关系，在低浓度下以单核形式存在，在强酸性条件下，以钒氧离子(VO^{2+}、VO_2^+)形式存在。

(2)石英在酸性溶液中溶解度很小，约为7 mg/L。石英溶解组分硅在水溶液中的形态和溶液pH有关；石英-水体系浓度对数图研究结果表明，在pH<9的范围内，$H_4SiO_{4(aq)}$为优势组分；pH为9~12时，$H_3SiO_4^-$为优势组分；而在pH>12时，$H_2SiO_4^{2-}$为优势组分。

(3)(含钒)伊利石、高岭石在酸溶液中的溶解反应均可自发进行，且反应可进行得比较完全；高岭石溶解反应标准平衡常数远大于伊利石，其在酸溶液中比伊利石更易溶解；在酸性条件下，伊利石和高岭石溶解组分主要为 Al^{3+} 和 $Al(OH)^{2+}$，碱性条件下，溶解组分主要为 $H_3SiO_4^-$、$H_2SiO_4^{2-}$ 和 $Al(OH)_4^-$，中性条件下，溶解组分主要为 $H_4SiO_{4(aq)}$。

(4)赤铁矿溶解反应在热力学上不能自发进行，在酸中较难溶解；溶解组分 Fe^{3+} 只在高电位（$>0.77V$）、低 pH（$pH<0$）的条件下存在。

第 5 章　焙烧渣酸浸机理研究

5.1　引言

现有的关于石煤提钒的研究，以提钒工艺研究居多，对相关理论问题尤其浸出理论虽然有一定的研究，但是研究方法比较单一，研究结果上未有实质性突破。本章以石煤焙烧渣酸浸体系为研究对象，在第 4 章理论分析的基础上，通过浸出试验，考查了影响钒浸出的因素，并对浸出反应宏观动力学、相关元素浸出行为、含钒矿物物相变化进行了研究，进一步阐明和深化了钒浸出机理。

5.2　影响钒浸出的因素

主要考查了浸出剂浓度、浸出温度、浸出时间、搅拌速度以及液固比对钒浸出率的影响。浸出试验所用样品为石煤在 750℃下焙烧 3 h 后的焙烧渣。

5.2.1　H_2SO_4浓度的影响

浸出条件为：74.26%的样品小于 0.075 mm，浸出温度 95℃，浸出时间 4 h，液固比 5∶1，搅拌速度为 600 r/min。试验结果见图 5－1。由图可以看出，随 H_2SO_4浓度提高，钒浸出率明显增加；H_2SO_4浓度达到 4 mol/L 后，继续提高 H_2SO_4浓度对钒浸出率影响不大，钒浸出率维持在 87%左右。

众所周知，矿石浸出时，溶液中与浸出反应界面上浸出剂的浓度差(或称浓度梯度)是影响浸出速率的主要因素之一。而在反应界面处浸出剂浓度较小，所以，影响浸出速率的主要是浸出剂的初始浓度。浸出速率随浸出剂浓度增加而加大，表现为单位时间内浸出率增加。

为便于考查其他浸出条件的影响，在后续的试验中，H_2SO_4浓度保持为 3 mol/L 不变。

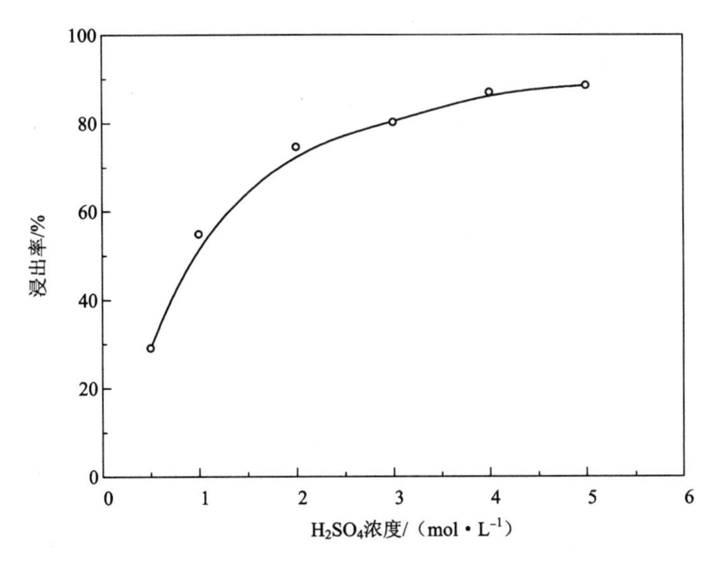

图 5－1　H_2SO_4浓度对钒浸出率的影响

（95℃，液固比 5∶1，600r/min，浸出 4 h）

5.2.2　浸出温度的影响

浸出条件为：74.26%的样品小于 0.075 mm，H_2SO_4浓度 3 mol/L，浸出时间 4 h，液固比 5∶1，搅拌速度为 600 r/min。试验结果见图 5－2。由图可以看出，浸出温度对钒浸出率影响十分显著，随浸出温度提高，钒浸出率明显提高，尤其是浸出温度达到 65℃后，钒浸出率增加趋势更加明显。浸出温度为 95℃时，钒浸出率可达到 80.7%。

一般来说，浸出温度对浸出反应速率和扩散速率均有影响。浸出温度升高，颗粒积存的能量增多，破坏或削弱矿物中化学键的能力增强，动能等于或大于活化能的分子数目增多，浸出速率加快，单位时间内浸出率提高。在后续的试验中固定浸出温度为 95℃。

5.2.3　浸出时间的影响

浸出条件为：74.26%的样品小于 0.075 mm，H_2SO_4浓度 3 mol/L，浸出温度 95℃，液固比 5∶1，搅拌速度为 600 r/min。试验结果如图 5－3 所示。由图 5－3 可以看出，随浸出时间延长，浸出率有所提高；浸出 6 h 后，浸出率随浸出时间延长变化不大，保持在 87%左右。在后续的试验中，固定浸出时间为 4 h。

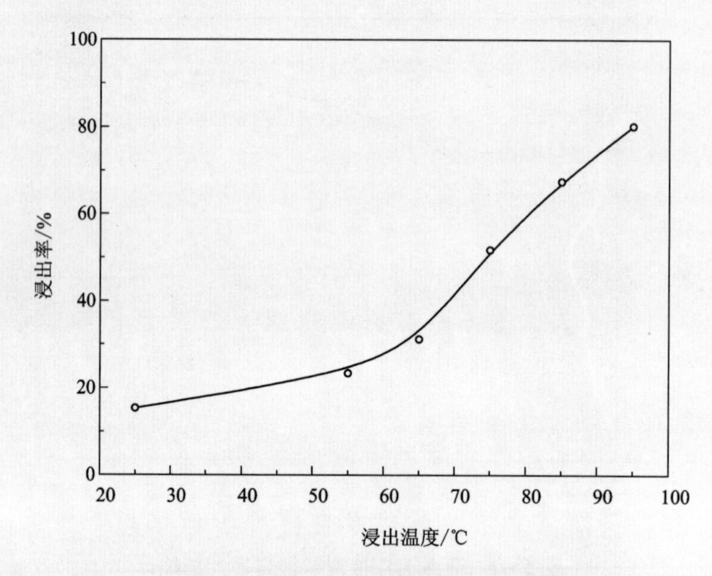

图5-2　浸出温度对钒浸出率的影响

(3 mol/L H_2SO_4，液固比5∶1，600 r/min，浸出4 h)

5.2.4　搅拌速度的影响

浸出条件为：74.26%的样品小于0.075mm，H_2SO_4浓度3 mol/L，浸出温度95℃，浸出4 h，液固比5∶1。试验结果如图5-4所示。从图5-4可以看出，搅拌速度从200 r/min提高到1000 r/min，钒浸出率变化不大，由此可认为，搅拌速度对钒浸出率的影响不大。后续试验选择固定搅拌速度为600 r/min。

5.2.5　液固比的影响

浸出条件为：74.26%的样品小于0.075 mm，H_2SO_4浓度3 mol/L，浸出温度95℃，浸出4 h，搅拌速度为600 r/min。

在固定浸出剂中H_2SO_4浓度(3 mol/L)不变时，调整液固比，实际上是调节H_2SO_4的用量；这与固定液固比、调整H_2SO_4浓度的效果是相同的，二者的区别是获得的浸出液中钒浓度不同。图5-5为液固比对钒浸出率的影响，从图中可以看出，浸出率随液固比增加显著提高，这与H_2SO_4浓度对钒浸出率的影响规律是一致的。

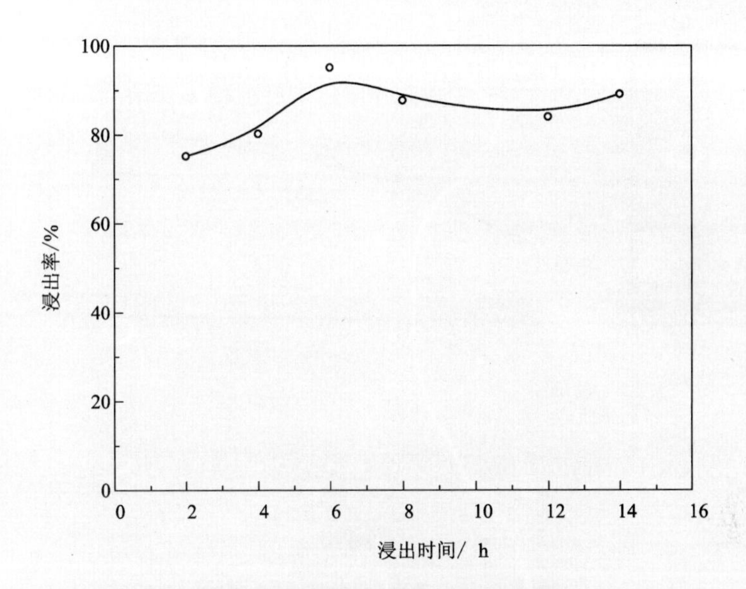

图 5－3 浸出时间对钒浸出率的影响

（95℃，3 mol/L H_2SO_4，液固比 5∶1，600 r/min）

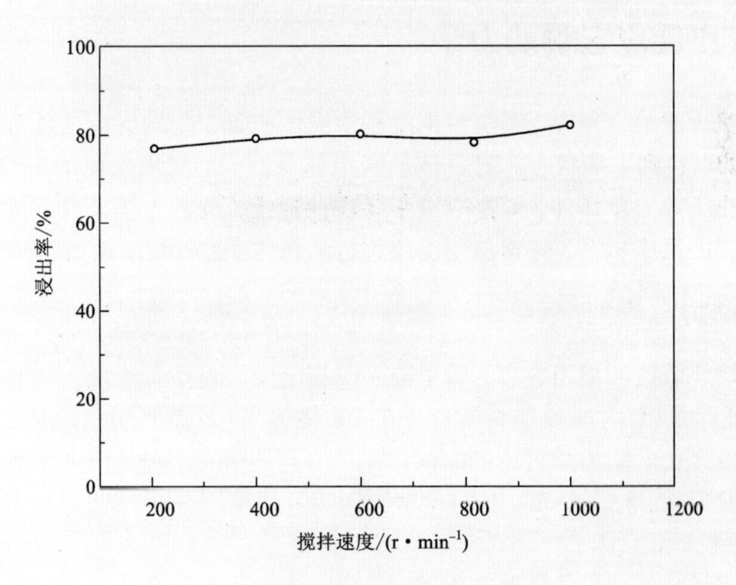

图 5－4 搅拌速度对钒浸出率的影响

（95℃，3 mol/L H_2SO_4，液固比 5∶1，浸出 4 h）

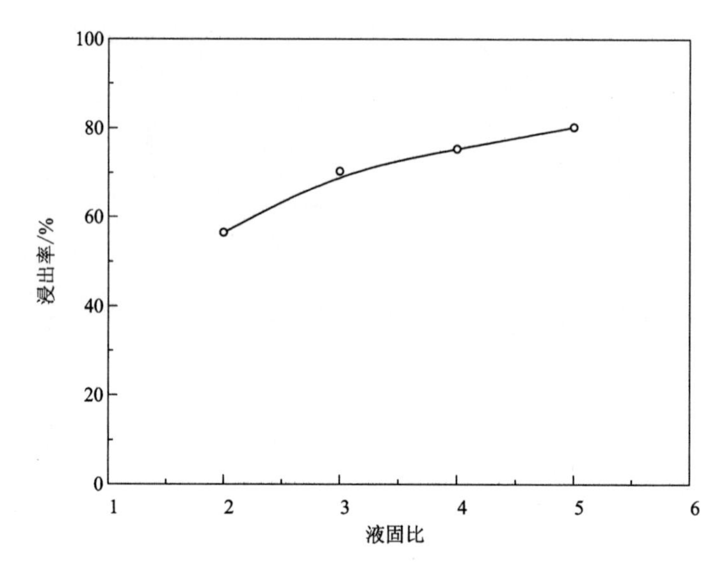

图5-5 液固比对钒浸出率的影响

(95℃, 3 mol/L H_2SO_4, 600r/min, 浸出4 h)

5.3 浸出反应宏观动力学

相对于火法冶金来说，湿法浸出过程中温度较低，化学反应速度和扩散速度都较小，难以达到平衡状态。对具体的浸出体系而言，浸出反应的进行状态，往往不是取决于热力学条件，而是取决于反应的速度，即动力学条件。为认识焙烧渣浸出过程的反应机理，探索控制反应进行的条件，进行浸出动力学研究。

5.3.1 动力学模型

石煤焙烧渣硫酸浸出过程，属于液-固相反应。对于属于液-固相反应的浸出过程，通常可以用“未反应核收缩模型”来描述[187]。需要注意的是，在采用此模型进行冶金化学动力学讨论的时候，针对不同的研究对象，应考虑到颗粒自身性质如颗粒形状、粒度分布、各向化学异性等对结果的影响[188]。

(1)颗粒形状

在应用经验的动力学速度方程式时，应考虑到颗粒形状所产生的影响。常用的动力学方程式大都是球形颗粒条件下得到的，在讨论非球形颗粒时，通常需要对方程式进行修正。对本书所研究的石煤焙烧渣浸出体系，浸出对象主要为含钒伊利石，从焙烧渣 SEM 图像(图5-6)可以看出，颗粒为片状、圆盘形颗粒。

图 5-6 焙烧渣中伊利石 SEM 图像

(2)粒度分布

在浸出动力学研究中，通常假定研究对象为单一粒度(实际上是粒度分布范围较窄)，而实际上，真正单一粒度的物料是难以获得的，故而，这样的假定难免会使结果产生一定的偏差[188]。本书所采用的浸出原料为石煤焙烧渣，其粒度分布较为广泛，故其浸出动力学研究应与通常情况有所不同，为广泛粒度分布条件下的浸出动力学。

(3)各向异性

由第 3 章的论述可知，含钒伊利石为层状结构，单元层间由较微弱的离子键和分子键连接，在破碎过程中，主要沿层间解离。伊利石晶体结构主要由两类性质完全不同的晶面所构成：底面(001 面)和端面(110 面、010 面)[189]，底面由硅氧四面体片[SiO_4]组成。破碎过程中底面(001 面)断裂的是 K—O 键、端面(110 面、010 面)主要是 Si—O、Al—O 断裂[189, 190]。由于底面和端面断裂键类型、断裂键数目等不同，故而在残余键力、表面能等表面化学性质上存在较大差异[189, 191, 192]。

矿物晶体单位晶面上断裂键数愈多，未饱和的键力就愈大，与水分子作用力愈强，化学活性越强。已有的研究结果表明[189~192]，伊利石晶体底面残余键为离子键和微弱分子键，其化学活性远低于端面化学活性，可见，端面更有利于浸出反应发生。

有文献[193, 196]指出，层状硅酸盐酸浸出过程中，八面体中离子相对容易浸出，四面体中离子难以浸出，这在4.2节已经通过溶解试验得到证实；而伊利石晶体底面为四面体层，可推知，底面上硅氧四面体的浸出较难进行。

从钒在伊利石中的赋存状态来看，钒与八面体中的铝位置相同，破碎过程中，八面体中Al—O键断裂时，V—O键亦会断裂；前面已指出，Al—O键主要在伊利石晶体的端面断裂，故而，V—O也是在端面断裂，在浸出时，钒从端面浸出。

基于上述认识，针对伊利石中钒的浸出动力学，提出了一种圆盘形浸出模型(见图5-7)，模型假定：

(1)由于伊利石晶体径厚非常大[189]，假设颗粒形状为圆盘形；

(2)忽略底面四面体的浸出，只考虑端面钒的浸出。

在此基础上，进行了相关的理论推导和计算[197, 198]。

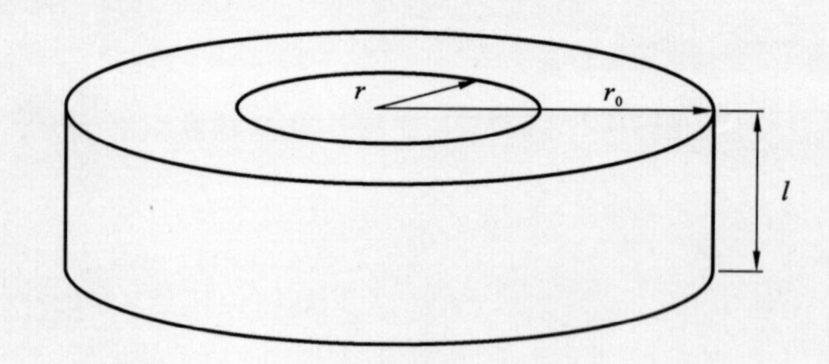

图5-7 焙烧渣中伊利石颗粒浸出示意图

图5-7为石煤焙烧渣中伊利石颗粒浸出示意图。r_0为颗粒原始半径，浸出t小时后，颗粒半径为r。

浸出动力学方程为：

$$-\frac{\mathrm{d}m}{\mathrm{d}t}=kSC^n \tag{5-1}$$

式中：m为含钒伊利石颗粒质量；t为浸出时间；k为表观反应常数；S为反应界面面积；C为浸出剂硫酸浓度；n为表观反应级数。由于$m=\pi r^2 l\rho$(ρ为含钒伊利石密度)，$S=2\pi rl$，则有：

$$-\mathrm{d}(\pi r^2 l\rho)/\mathrm{d}t=k\cdot 2\pi rlC^n \tag{5-2}$$

$$-2\pi rl\rho\mathrm{d}r/\mathrm{d}t=k\cdot 2\pi rlC^n \tag{5-3}$$

$$-\mathrm{d}r=(kC^n/\rho)\mathrm{d}t \tag{5-4}$$

当浸出时间由$0\to t$时，含钒伊利石半径由$r_0\to r$，则对上式两边积分有：

$$-\int_{r_0}^{r}\mathrm{d}r=\frac{kC^n}{\rho}\int_0^t\mathrm{d}t \tag{5-5}$$

$$r_0 - r = \Delta r = \frac{kC^n}{\rho}t = Kt \quad (5-6)$$

式(5-6)中，$K = kC^n/\rho$，为综合速度常数。式(5-6)表明，对一个粒度足够大的颗粒来说，在浸出过程中，半径的改变量 Δr 只与浸出时间有关，与其初始粒径无关。

现假设颗粒粒度分布满足累计分布函数 $F(d_0)$，则粒度为 d_0 的粒级粒度分布函数为 $f(d_0) = F'(d_0)$。

浸出 t 小时后，颗粒半径为 r(相应粒度为 $d = 2r$)，剩余颗粒的质量与初始质量比为：

$$x = \frac{\pi r^2 l\rho}{\pi r_0{}^2 l\rho} = \frac{\pi(r_0 - \Delta r)^2 l\rho}{\pi r_0{}^2 l\rho} = \frac{(r_0 - \Delta r)^2}{r_0{}^2} = \left(\frac{d_0 - \Delta d}{d_0}\right)^2 \quad (5-7)$$

则浸出率为：

$$\eta = 1 - x = 1 - \left(\frac{d_0 - \Delta d}{d_0}\right)^2 \quad (5-8)$$

对体系中所有颗粒积分(初始粒度小于 Δd 的颗粒已被完全浸出，可不考虑)，t 时刻浸出率为：

$$\eta = 1 - x = 1 - \int_{\Delta d}^{d_{0,\max}} \left(\frac{d_0 - \Delta d}{d_0}\right)^2 \times f(d_0)\mathrm{d}d_0 \quad (5-9)$$

将各温度下不同浸出时间对应的钒浸出率代入式(5-9)，得到一关于 Δd 的方程，解方程，可求得 Δd 数值。

将恒温下所得到的对应于不同浸出时间的浸出率代入，则得一未知数，可求得其值。

由式(5-6)可知，Δr 与 t 呈线性关系(硫酸浓度 C 为常数)；则 Δd 与 t 亦呈线性关系，以 Δd 对 t 作图，可得一直线，斜率应为 $2kC^n/\rho$。

5.3.2 表观活化能计算

图 5-8 为石煤焙烧渣浸出动力学曲线。浸出条件为：74.26% 的样品小于 0.075 mm，H_2SO_4浓度 3 mol/L，液固比 5∶1，搅拌速度为 600 r/min。从图 5-8 中各曲线形状可看出，浸出过程存在一个诱导期，即反应的初始阶段，受表面活性点限制，反应速度很小。随浸出过程进行，表面反应活性点增多，反应速度加快。

采用激光粒度分析仪测定了焙烧渣粒度分布，见图 5-9，该分布符合 Power - Allometric 函数：

$$F(d_0) = -1.33 + 1.40 \times d_0{}^{0.089} \quad (5-10)$$

对上式求导后，可得：

$$f(d_0) = F'(d_0) = 0.125 \times d_0^{-0.911} \tag{5-11}$$

代入到式(5-9)中，得：

$$\eta = 1 - x = 1 - \int_{\Delta d}^{d_0,\max} \left[\frac{d_0 - \Delta d}{d_0}\right]^2 \times f(d_0)\,\mathrm{d}d_0$$

$$= 1 - \int_{\Delta d}^{d_0,\max} \left[\frac{d_0 - \Delta d}{d_0}\right]^2 \times 0.125 \times d_0^{-0.911}\,\mathrm{d}d_0$$

$$= 1 - \left[1.4 \times d_0^{0.089} + 0.27 \times \Delta d \times d_0^{-0.911} - 0.065 \times \Delta d^2 \times d_0^{-1.911}\right]_{\Delta d}^{d_0,\max} \tag{5-12}$$

将图5-8中数据代入式(5-12)中计算，使用Matlab语言求解，并进行数据处理，可得到Δd与浸出时间t之间的关系，见图5-10。从图5-10可以看出，经曲线拟合后，Δd与t呈较好直线关系。

需指出的是，由图5-8可看出，浸出温度为95℃时，浸出6 h后，浸出率随浸出时间延长变化不大，可认为浸出反应达到平衡，故在图5-10的数据处理中，未考虑浸出达到平衡后的数据点。

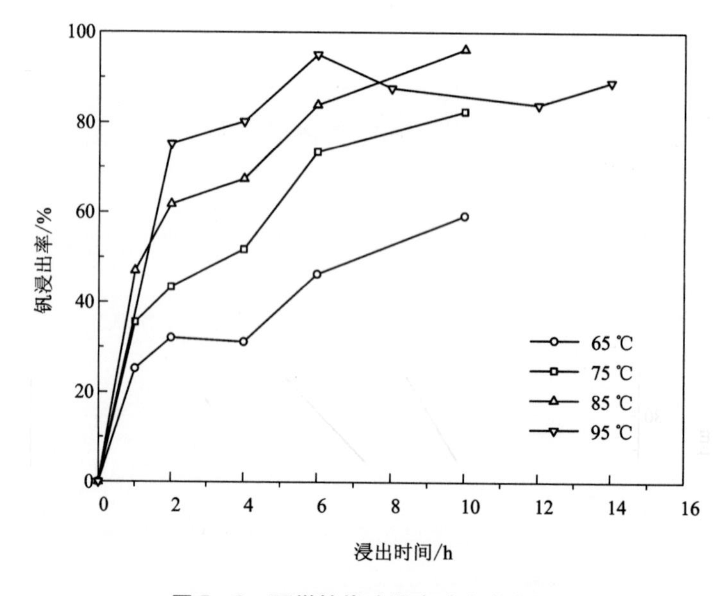

图5-8 石煤焙烧渣浸出动力学曲线

(3 mol/L H_2SO_4，液固比5∶1，600 r/min)

由图5-10可求得各温度下，$\Delta d - t$直线的斜率，进一步可求得k。以$\ln K$对$1/T$作图(见图5-11)，可求得图5-11中直线斜率，为-11.97×10^3，根据Arrhenius公式(5-13)可知，该斜率为$-E/R$，可求得反应表观活化能E为99.52 kJ/mol。

$$K = A\exp(-E/RT) \tag{5-13}$$

式中，A为频率因子，E为表观活化能，R为气体常数，T为热力学温度。

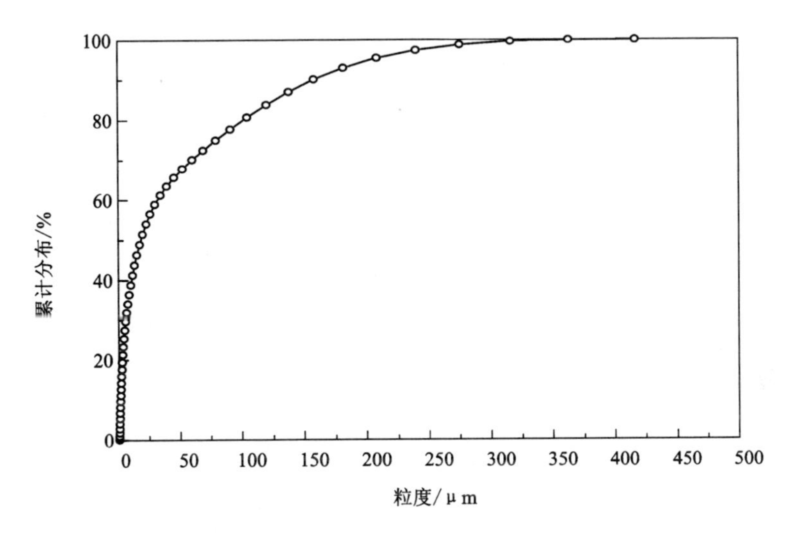

图5-9 石煤焙烧渣粒度分布

（焙烧温度：750℃，焙烧时间：3 h）

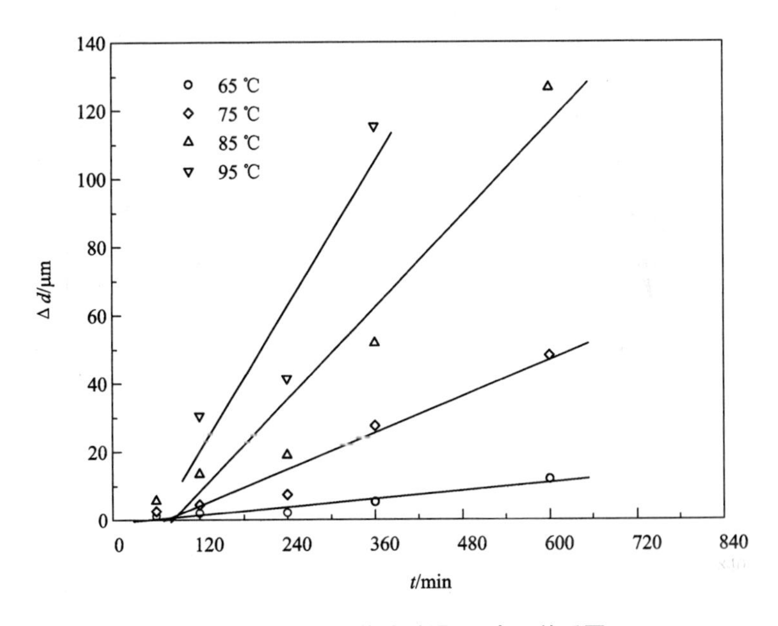

图5-10 石煤焙烧渣酸浸△d与t关系图

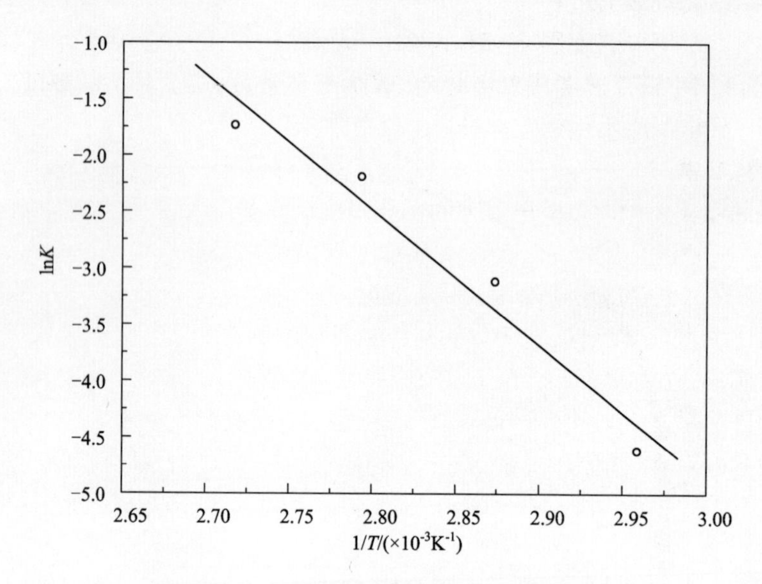

图5-11 石煤焙烧渣酸浸 Arrhenius 图

5.3.3 浸出反应控制步骤

在湿法冶金研究中，对于矿物颗粒的浸出，多用近似稳态处理，通常认为浸出过程会经历下列步骤[199]：

(1)浸出剂通过扩散层向反应界面扩散(外扩散)；

(2)浸出剂进一步扩散通过固体膜层(内扩散)；

(3)浸出剂在反应界面发生化学反应，并伴随吸附和解吸过程；

(4)反应生成的不溶产物层使固体膜层增厚，生成的可溶物扩散，通过固体膜层(内扩散)；

(5)反应生成的可溶物扩散到溶液中(外扩散)。

在没有固体产物生成时，可忽略步骤(2)和步骤(4)。对具体的浸出过程来说，总的浸出速度取决于上述步骤中最慢者，最慢者即为整个浸出反应的控制步骤。控制步骤不是一成不变的，会随浸出条件改变而变化。

判别浸出过程控制步骤的方法通常有改变搅拌强度法、表观活化能法和尝试法，对于本书所研究的石煤焙烧渣酸浸体系，常用的各控制类型动力学方程式并不适用，因此不能直接使用尝试法。下面分别采用前两种方法来探讨石煤焙烧渣酸浸过程的控制步骤[198]。

1. 改变搅拌强度法

当浸出过程总速度为外扩散所控制时，加强搅拌可降低扩散层厚度，从而加快反应速度；而当浸出过程为内扩散所控制时，普通搅拌方法不能降低固体产物层厚度，故而对反应速度影响不大。

图 5 -4 中，搅拌速度从 200 r/min 增加到 1000 r/min，钒浸出率基本无变化，由此可知，浸出反应不受外扩散控制。

2. 表观活化能法

在控制步骤不同时，浸出温度的影响不同。在受化学反应步骤控制时，随温度升高，反应速度急剧增加，温度对反应速度的影响非常显著；受扩散步骤控制时，温度升高，也会使反应速度加快，但温度对反应速度的影响远不及前者。

一般认为[198]，浸出反应活化能与控制类型的关系为：活化能 $E < 12$ kJ/mol，为扩散控制；$E > 42$ kJ/mol，为化学反应控制；E 介于 12 kJ/mol 和 42 kJ/mol 之间时，为混合控制。前文计算石煤焙烧渣酸浸反应表观活化能 E 为 99.52 kJ/mol，大于 42 kJ/mol，表明浸出反应受化学反应控制。

依据上述分析可知，石煤焙烧渣酸浸反应受化学反应步骤控制。

5.4 铝、钒浸出行为相关性

由含钒伊利石晶体结构可知，钒以类质同象取代八面体中的铝而赋存于伊利石中。取代铝的 V 所处的位置，与八面体中六次配位 Al 相同，可以说，二者化学环境相同，由此可推断，二者应具有相似的浸出行为。

在不同 H_2SO_4浓度、浸出温度、浸出时间、搅拌速度和液固比条件下，比较了钒和铝的浸出率，结果分别见图 5 -12 到图 5 -16。图 5 -12 到图 5 -16 的试验条件分别与图 5 -1 到图 5 -5 的相同。

由图 5 -12 到 5 -16 可以看出，在不同的浸出条件下，铝浸出率和钒浸出率曲线的变化趋势是相同的；并且，曲线形状非常相似，尤其是图 5 -14、图 5 -15 和图 5 -16，钒、铝浸出率曲线几乎是平行的。

图 5 -12 至图 5 -16 表明，对该石煤焙烧渣来说，钒和铝的浸出行为具有良好的相关性，铝浸出，钒亦被浸出，反之亦然。这也在一定程度上印证了上文的推测。

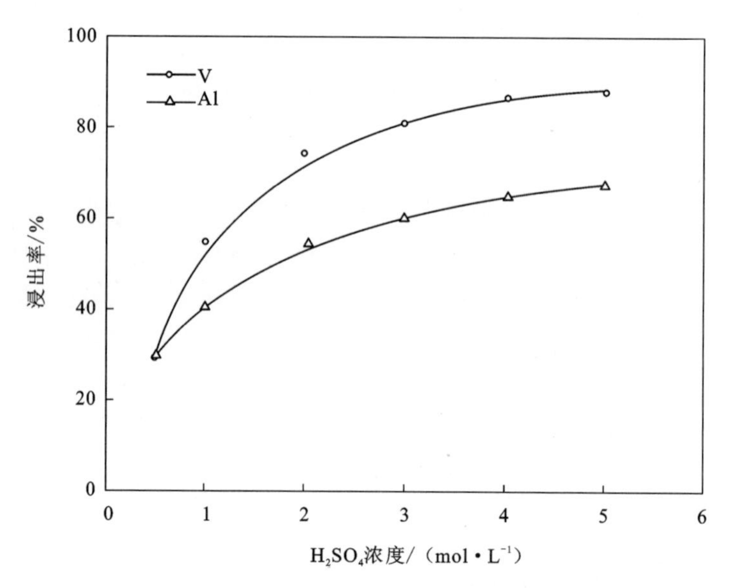

图 5 - 12　不同 H_2SO_4 浓度，铝钒浸出率比较

（95℃，液固比 5∶1，600r/min，浸出 4 h）

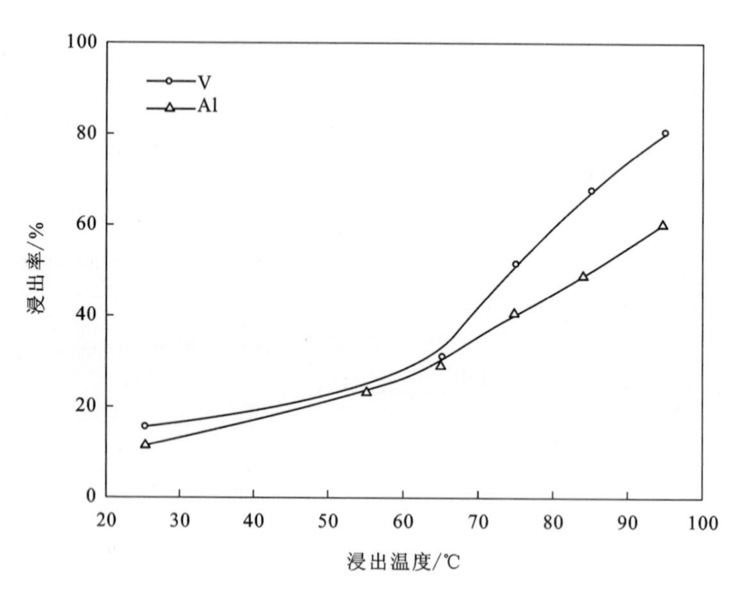

图 5 - 13　不同浸出温度，铝钒浸出率比较

（95℃，3 mol/L H_2SO_4，液固比 5∶1，600 r/min）

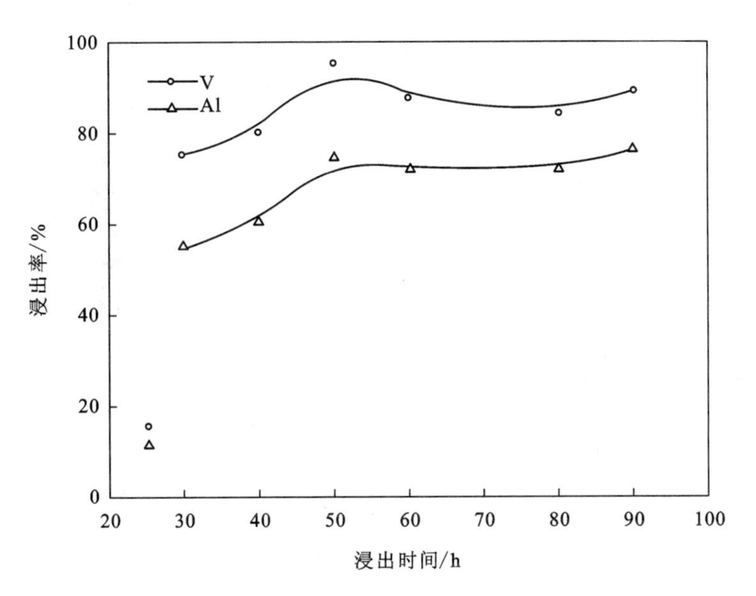

图 5-14 不同浸出时间，铝钒浸出率比较

(95℃, 3 mol/L H_2SO_4, 液固比 5∶1, 600 r/min)

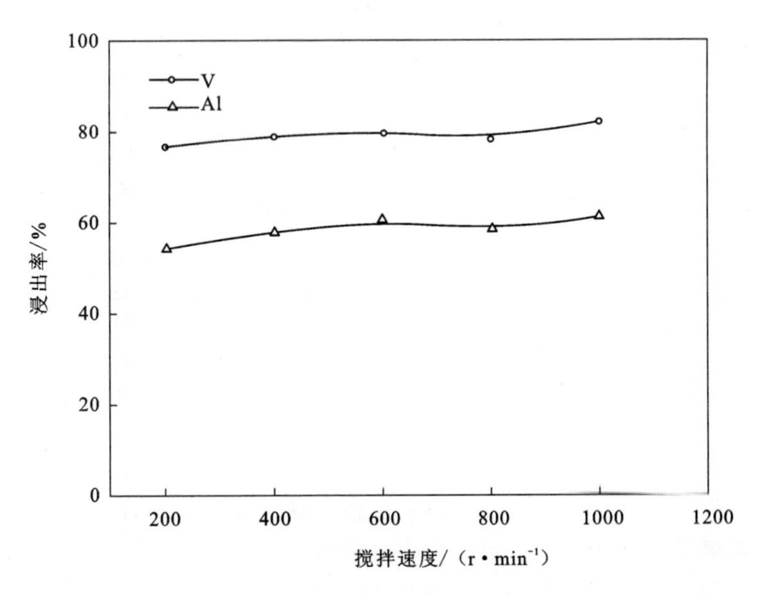

图 5-15 不同搅拌速度，铝钒浸出率比较

(95℃, 3 mol/L H_2SO_4, 液固比 5∶1, 浸出 4 h)

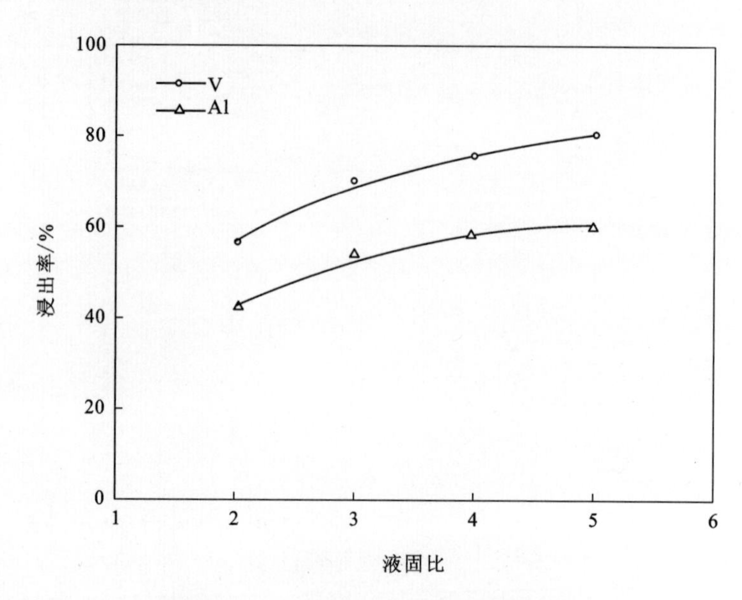

图5-16 不同液固比，铝钒浸出率比较

（95℃，3 mol/L H_2SO_4，600r/min，浸出4 h）

5.5 浸出过程矿物物相变化

图5-17为浸出渣XRD分析结果，这部分浸出渣为试验获得的浸出渣。对比图5-17中浸出前和浸出2 h后的图谱可发现，浸出2 h后，伊利石在2θ角度为8.9°、17.6°处的衍射峰消失，在2θ角度为19.8°处的衍射峰强度减小，此时钒浸出率为75.2%；对比浸出前和浸出4 h后的图谱发现，2θ角度为19.8°处的衍射峰继续减小，此时钒浸出率为80.2%；而在浸出6 h后的图谱上，2θ角度为19.8°处的衍射峰完全消失，此时钒浸出率约为90%。延长浸出时间到14 h，浸出14 h后的浸出渣与浸出6 h后的浸出渣XRD图谱对比，基本无变化，而在图5-3中，浸出时间延长到14 h，钒浸出率亦变化不大。

由此可见，在此浸出条件下，浸出2 h左右，伊利石晶体结构已经开始破坏，随浸出时间延长，伊利石晶体结构破坏程度加剧，浸出6 h后，伊利石晶体结构已经完全被破坏。在伊利石晶体结构逐渐被破坏过程中，钒浸出率由75.2%增加到80.2%，再到90%，可见钒浸出率与含钒伊利石晶体结构在浸出过程中的破坏程度是紧密相关的。

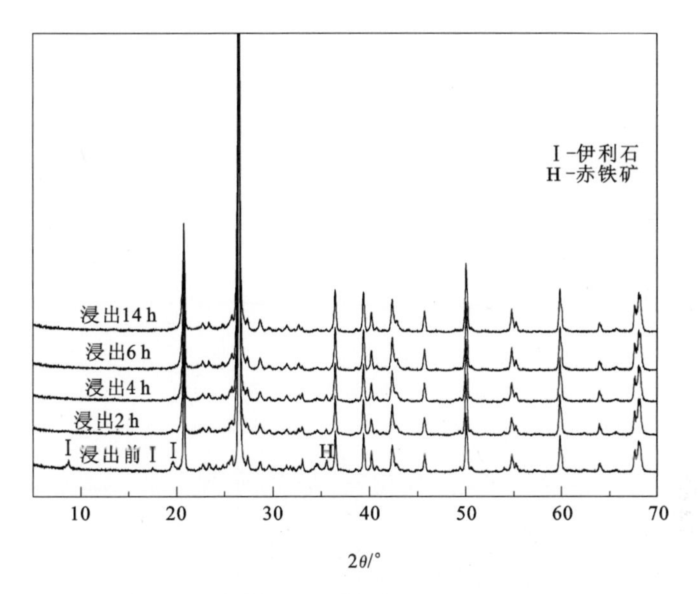

图 5-17　不同浸出时间，浸出渣 XRD 分析

（95℃，3 mol/L H_2SO_4，液固比 5∶1，600 r/min）

同时还发现，随浸出时间从 2 h 延长到 12 h，2θ 角度为 35.7°处的赤铁矿（Fe_2O_3）衍射峰强度逐渐减小，但即使在浸出 14 h 后，仍有赤铁矿衍射峰存在，可见，赤铁矿难以被浸出或者说浸出速度极慢，这与前文的热力学分析结果是一致的。

图 5-18 为采用不同浓度 H_2SO_4浸出时，浸出渣 XRD 分析结果，这部分浸出渣为前文试验获得的浸出渣。从图可以看出，采用 1 mol/L 的 H_2SO_4浸出时，伊利石在 2θ 角度为 8.9°、17.6°处的衍射峰消失，在 2θ 角度为 19.8°处的衍射峰强度有所减弱，此时钒浸出率为 54.9%；采用 3 mol/L H_2SO_4浸出时，伊利石除 2θ 角度为 8.9°、17.6°处的衍射峰消失外，19.8°处的衍射峰亦基本消失，对应钒浸出率为 80.2%；而采用 5 mol/L H_2SO_4浸出时，伊利石三处衍射峰完全消失，表明伊利石晶体结构完全破坏，此时对应钒浸出率为 88.5%。

对赤铁矿来说，2θ 角度为 35.7°处的衍射峰强度随浸出剂 H_2SO_4浓度增加而减弱，但纵然是采用 5 mol/L H_2SO_4浸出，该处衍射峰仍存在，这也说明了赤铁矿较难被浸出。

与图 5-17 相同，由图 5-18 可获得的结论是，钒浸出率与含钒伊利石晶体结构破坏程度密切相关，晶体结构破坏程度越大，钒浸出率越高。

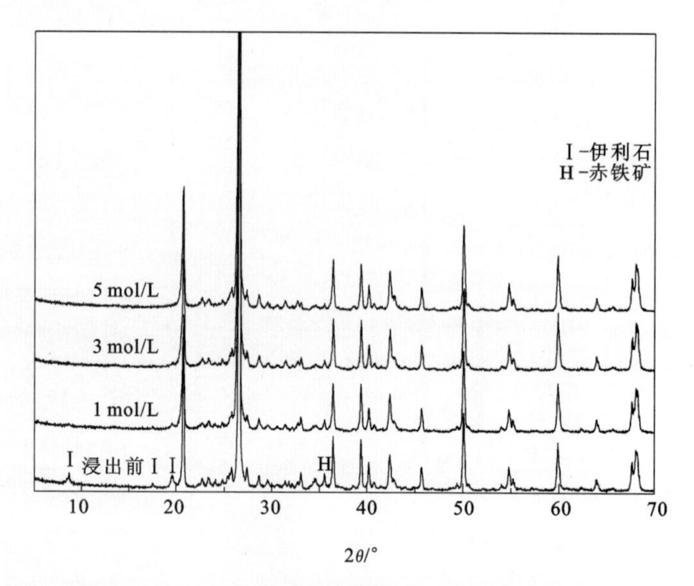

图5-18 不同 H_2SO_4 浓度浸出，浸出渣 XRD 分析

(95℃，液固比5∶1，600r/min，浸出4 h)

5.6 钒浸出过程

在已有的研究工作结果基础上，综合本书前面的研究结果，结合相关理论，将石煤中钒浸出机理作如下阐述：

从浸出难易程度来看，可将石煤中的钒分为三类[200, 201]：易浸出钒(游离钒氧化物、水溶性钒)、可浸钒(伊利石和云母等矿物中钒)、难浸钒(石榴石和电气石中钒)。前两类钒在一定的浸出条件下都是可以浸出的，而石榴石和电气石中的钒极难浸出，通常认为是不可浸出的。

游离氧化物钒、水溶性钒主要包括钒的氧化物(V_2O_4、V_2O_5等)以及碱金属偏钒酸盐($NaVO_3$、KVO_3)，这类钒的酸浸反应，可归属于简单的化学溶解，在浸出时发生溶解而进入溶液中(伴随水合反应)。$Fe(VO_3)_3$、$Fe(VO_3)_2$、$Mn(VO_3)_2$和$Ca(VO_3)_2$不溶于水，但在低 pH 和强酸性条件下，亦可溶解。

矿物结构中钒(如伊利石和云母等矿物中钒)则相对难以浸出，为获得高浸出率，通常需要在浸出前进行焙烧。依据本书第2章的研究结果，焙烧的主要目的是促使含钒矿物晶体结构发生调整、变形，四面体和八面体中相关化学键键长、键能发生变化，从而促使矿物晶格对钒的束缚力减弱，使钒溶出活性增强，转变为易浸出状态。

对于矿物结构中钒的浸出，无论是否经过焙烧活化，均可用表面化学过渡态理论来解释其浸出机理。

由表面化学理论可知，固体和溶液组成的多相反应体系中，固体和溶液的界面处有明显不同于固体和液体本体的物理化学性质，即它具有表面自由能和吸附现象[202]。界面对液相组分的一个重要作用就是吸附作用，即把溶液中的反应物分子(离子)吸附在表面上。表面吸附有物理吸附和化学吸附两种类型，物理吸附速度快，几乎不需要活化能；化学吸附需要活化能，其化学吸附热较高，通常大于83.72 kJ/moL[202]。依据矿物在水溶液中溶解的表面化学过渡态理论(或称作活化络合物理论)，浸出过程中，伊利石矿物浸出反应经历三个步骤[203~205]：

(1)表面吸附：主要为化学吸附，溶液中 H^+ 吸附到伊利石表面，形成活化络合物：

$$nH^+ + M - A^{z+} \rightleftharpoons nH^+ \cdot M - A^{z+} \tag{5-14}$$

式中，M 为伊利石矿物晶体，A 为矿物结构中阳离子，Z 为阳离子电荷数。单独考虑钒时，应为：

$$nH^+ + M - V \rightleftharpoons nH^+ \cdot M - V \tag{5-15}$$

(2)离子交换：H^+ 与伊利石矿物中阳离子(V、Al 等)发生交换，形成活化络合物：

$$nH^+ \cdot M - V \longrightarrow nH^+ \quad M \cdot V \tag{5-16}$$

(3)离子解吸：伊利石矿物结构中阳离子(V、Al 等)与 H^+ 完成交换后，从矿物表面解吸下来，进入溶液：

$$nH^+ - M \cdot V \rightleftharpoons nH^+ - M + V \tag{5-17}$$

通过上述三个步骤，V、Al 以及 Si 从伊利石结构中溶出。伊利石结构中阳离子的溶出过程，本质是化学反应，该过程需要一定的活化能，此能量由于吸附而低于晶格能，因此，升高温度有利于该过程的进行，有利于交换反应和离子的解吸附，这从浸出温度对钒浸出率的影响可看出。并且，H^+ 浓度越大越有利于 H^+ 在伊利石表面的吸附，这可从 H_2SO_4 浓度对钒浸出率的影响得到验证。

伊利石晶体结构中 V、Al 以及 Si 的溶出，必然导致晶体结构发生坍塌、破坏，而晶体结构的坍塌与破坏反过来促进 V、Al 及 Si 的溶出[206, 207]；V、Al 和 Si 的溶出与伊利石晶体结构的破坏应该是同时进行的，二者相互促进。

钒从伊利石晶体结构中溶出以后，在酸溶液中发生氧化、水解等系列反应，以较复杂的形式存在于浸出液中[159, 160]。

5.7　本章小结

本章研究所获得的结论如下：

(1)影响钒浸出率的主要因素是 H_2SO_4浓度、浸出温度、浸出时间和液固比，搅拌速度对钒浸出率影响不大。

(2)建立了含钒伊利石酸浸动力学模型，计算得出含钒伊利石浸出反应的表观活化能为 99.52 kJ/mol，属表面化学反应步骤控制。

(3)钒和铝的浸出行为具有良好的相关性，铝浸出，钒亦被浸出，反之亦然。

(4)钒浸出率与含钒伊利石晶体结构破坏程度相关，晶体结构破坏程度越大，钒浸出率越高。

(5)含钒伊利石中钒浸出机理可用表面化学过渡态理论解释，H^+先吸附在伊利石表面上，然后与伊利石结构中的 V 发生交换，V 从伊利石结构中解吸后进入溶液，实现钒的浸出。

参考文献

[1]《有色金属提取冶金手册》编辑委员会. 稀有高熔点金属(下)[M]. 北京: 冶金工业出版社, 1999: 276 - 350.

[2]廖世明, 柏谈论. 国外钒冶金[M]. 北京: 冶金工业出版社, 1985: 45 - 60.

[3]The economics of vanadium[M]. England: Roskill Information Services, Ltd. 2007.

[4]锡淦, 雷鹰, 胡克俊, 等. 国外钒的应用概况[J]. 世界有色金属, 2000(2): 13 - 21.

[5]任学佑. 稀有金属钒的应用现状及市场前景[J]. 稀有金属, 2003, 27(6): 809 - 812.

[6]任学佑. 金属钒的应用现状及市场前景[J]. 世界有色金属, 2004, (2): 34 - 36.

[7]谭若斌. 钒合金的开发应用[J]. 钒钛, 1995, 16(1): 1 - 16.

[8]常芳, 孟凡明, 陆瑞生. 钒电池用电解液研究现状及展望[J]. 电源技术, 2006, 30(10): 860 - 862.

[9]Krzanowski J E. Chemical, mechanical and tribological properties of pulsed - laser - deposited titanium carbide and vanadium carbide[J]. Journal of American Ceramic Society, 1997, 80(5): 1277 - 1280.

[10]美国 USGS 官方网站: http://www. usgs. gov/.

[11]朱训. 中国矿情第二卷金属矿产[M]. 北京: 科学出版社, 1999: 166 - 172.

[12]赵红杰, 任学佑. 美国的钒工业[J]. 稀有金属, 1994, 18(3): 220 - 224.

[13]孟柏庭. 轻金属文集[M]. 长沙: 中南工业大学出版社, 1995: 80 - 83.

[14]陈云. 碱性体系中铝钒钼的溶液化学性质及分离技术研究[D]. 长沙: 中南大学, 2006.

[15]傅文章. 攀西钒钛磁铁矿资源特征及综合利用问题的基本分析[J]. 矿产综合利用, 1996(1): 27 - 34.

[16]王铁明, 王新平. 承德钛资源的开发应用情况[C]. 见: 2007 年度冀、皖、川第二届钒钛技术交流会论文集. 河北唐山: 河北省冶金学会, 2007: 64 - 72.

[17]蔡晋强. 石煤综合利用现状[J]. 矿产综合利用, 1984(4): 19 - 24.

[18]刘早春, 于志勇, 林治穆, 等. 石煤的综合利用[J]. 化学世界, 1994(4): 213 - 314.

[19]蔡晋强, 巴陵. 石煤提钒的几种新工艺[J]. 矿产保护与利用, 1993(5): 30 - 33.

[20]Moskalyk R R, Alfantazi A M. Processing of vanadium: a review[J]. Minerals Engineering, 2003, 16(9): 793 - 805.

[21]徐全斌, 刘建明. 世界钒工业评述[J]. 冶金信息导刊. 1999(4): 21 - 27.

[22]Vanadium: http://www. australianminesatlas. gov. au/aimr/commodity .

[23]Mitchell P S. The production and use of vanadium worldwide[C]. In: The Use of Vanadium in Steel - Proceedings of the Vanitec Symposium. Guiling: Panzhihua Iron&Steel Group Co. , 2000: 1 - 6.

[24]Mohanty J K, Khaoash S, Singh S K, et al. Characterisation and utilisation of vanadium - bearing titaniferous magnetite of Boula - Nausahi igneous complex, Orissa, India [J]. Scandinavian journal of metallurgy, 1999, 28(6): 254 - 259.

[25] Taylor P R, Shuey S A, Vidal E E, et al. Extractive metallurgy of vanadium - containing titaniferous magnetite ores: A review [J]. Minerals and Metallurgical Processing, 2006, 23(2): 80 - 86.

[26]Sadykhov G B, Reznichenko V A, Karyazin I A, et al. Scientific bases of complex use of titaniferous magnetite[J]. Metally, 1993(1): 53 - 56.

[27]Yun Chen, Qiming Feng, Yanhai Shao, et al. Investigations on the extraction of molybdenum and vanadium from ammonia leaching residue of spent catalyst [J]. International Journal of Mineral Processing, 2006, 79(1): 42 - 48.

[28]文喆. 国内外钒资源与钒产品的市场前景分析[J]. 世界有色金属, 2001(11): 7 - 8.

[29]赵海燕. 钒资源利用概况及我国钒市场需求分析[J]. 矿产保护与利用, 2014(2): 54 - 58.

[30]高海亮. 全球钒市场2012年分析与2013年展望[J]. 新材料产业, 2013(3): 51 - 56.

[31]国土资源部信息中心. 世界矿产资源年评(2004—2005)[M]. 北京: 地质出版社, 2006: 134 - 137.

[32]Miyake, Shinichi, Tokuda, Nobuyuki. Vanadium redox - flow battery for a variety of applications [C]. In: Proceedings of the IEEE Power Engineering Society Transmission and Distribution Conference. Vancouver BC, Canada: Institute of Electrical and Electronics Engineers, 2001. 450 - 451.

[33]Tian B, Yan C W, Wang F H. Modification and evaluation of membranes for vanadium redox battery applications[J]. Journal of Applied Electrochemistry, 2004, 34(12): 1205 - 1210.

[34]Smith R. Comeback in the outback - vanadium market[J]. Materials World, 2006, 16(7): 28.

[35]Sakai J. High - efficiency voltage oscillation in VO2 planer - type junctions with infinite negative differential resistance[J]. Journal of Applied Physics, 2008, 103(10): 1 - 6.

[36]王永钢. 钒系列合金的生产[J]. 铁合金, 2004(3): 36 - 38.

[37]唐诗全, 张帆. 攀钢加快氮化钒产业化进程[J]. 钢铁钒钛, 2000, 23(3): 33.

[38]吴惠. 攀钢转炉提钒工艺获突破性进展[J]. 钢铁, 2000, 35(2): 50.

[39]张大德, 张玉东. 攀钢转炉提钒工艺的回顾与展望[J]. 钢铁钒钛, 2001, 22(1): 31 - 33.

[40]齐小鸣. 钒消费前景看好——国内外钒的资源、生产和市场预测[J]. 世界有色金属, 2008(5): 38 - 41.

[41]段炼, 田庆华, 郭学益. 我国钒资源的生产及应用研究进展[J]. 湖南有色金属, 2006, 22(6): 17 - 20.

[42]方闻. HRB400级钢筋的推广和应用[J]. 建设科技, 2003(7): 80 - 81.

[43]王艳萍. 钒钛资源国内外供需形势及承德地区的开发利用前景分析[J]. 西部资源, 2007(4): 11 - 13.

[44]洪及鄙. 攀钢成为中国最大的钒钛和重要的钢铁生产基地[J]. 冶金管理, 1999

(9)：44－52.
[45]杜勇. 浅析如何发展攀钢的钒产业[J]. 钛合金，2004(2)：42－47.
[46]杜炽. 攀钢面临的钢铁形势和机遇[J]. 四川冶金，2004(5)：60－63.
[47]杨君. 氮化钒的市场与技术现状及应用前景[J]. 世界有色金属，2007(9)：24－26.
[48]张爱云，伍大茂，郭丽娜，等. 海相黑色页岩建造地球化学与成矿意义[M]. 北京：科学出版社，1987：147－153.
[49]浙江省煤炭工业局. 石煤的综合利用[M]. 北京：煤炭工业出版社，1981：1－11.
[50]蒲心纯，周浩达，王熙林，等. 中国南方寒武纪岩相古地理与成矿作用[M]. 北京：地质出版社，1993：127－129.
[51]浙江省煤炭工业局. 石煤的综合利用[M]. 杭州：浙江人民出版社，1979：11－19.
[52]《煤矿环境保护》编辑委员会. 煤矿环境保护优秀论文集(一)[M]. 北京：煤炭工业出版社，1999：178－179.
[53]钟蕴英，关梦嫔，崔开仁，等. 煤化学[M]. 徐州：中国矿业大学出版社，1989：245－249.
[54]吕惠进. 浙江西部石煤的综合利用与放射性辐射影响研究[J]. 煤炭加工与综合利用，2002(1)：38－40.
[55]明忠. 关于石煤资源的开发和综合利用[J]. 煤炭企业管理，1990(6)：46－47.
[56]孙玉宝，张金水. 霍邱县石煤矿床地质特征及其开发利用前景初探[J]. 矿产保护与利用，2007(2)：24－27.
[57]江泽秋. 湖南石煤资源的开发利用与保护[J]. 资源开发与保护，1992，8(1)：63－64.
[58]唐根华，任文娣. 石煤的综合利用[J]. 四川水泥，2000(6)：17－18.
[59]许国镇，夏华，戈西锷. 江西畈大石煤中钒的价态初步研究[J]. 矿产综合利用，1983(4)：39－44.
[60]张爱云，潘治贵，翁成敏. 杨家堡含钒石煤的物质成分和钒的赋存状态及配分的研究[J]. 地球科学，1982(1)：193－206.
[61]许国镇，司徒安力，陈农，等. 湖北杨家堡石煤中钒的价态研究[J]. 地球化学，1984(4)：379－389.
[62]许国镇，李吉贵. 浙江塘坞石煤中钒的价态研究[J]. 矿冶工程，1986，6(4)：50－54.
[63]郑祥明，田学达，张小云，等. 湿法提取石煤中的钒的新工艺研究[J]. 湘潭大学学报，2003，25(1)：43－46.
[64]屈启龙，谢建宏，王冠甫. 高碳钒矿综合回收石墨试验研究[J]. 矿业快报，2007(4)：35－37.
[65]蔡晋强，张顶烈，巴陵. 石煤提钒现状与市场浅析[J]. 稀有金属与硬质合金，1990，18(3)：32－39.
[66]刘世森. 石煤提钒工艺评述[J]. 工程设计与研究，1995(4)：12－16.
[67]蔡晋强. 石煤提钒在湖南的发展[J]. 稀有金属与硬质合金，2001，29(1)：42－46.
[68]肖和. 湖南推出石煤提钒新工艺[J]. 煤矿资源开发与利用，1992(10)：19.
[69]刘伟. 石煤提钒工艺浅析[J]. 工程设计与研究，1993(1)：46－48.
[70]王永双，李国良. 我国石煤提钒及综合利用综述[J]. 钒钛，1993(3)：21－30.

[71]贺洛夫. 从石煤中提取 V_2O_5[J]. 无机盐工业, 1999(1): 64-66.
[72]姬云波, 童雄, 叶国华. 提钒技术的研究现状和进展[J]. 国外金属矿选矿, 2007, 44(5): 10-13.
[73]程亮. 五氧化二钒生产工艺的进展[J]. 甘肃冶金, 2007, 29(4): 52-53.
[74]李晓健. 酸浸-萃取工艺在石煤提钒工业中的设计与应用[J]. 湖南有色金属, 2000, 16(3): 21-23.
[75]何东升, 冯其明, 张国范, 等. 碱法从石煤中浸出钒试验研究[J]. 有色金属(冶炼部分), 2007(4): 17-19.
[76]Dongsheng He, Qiming Feng, Guofan Zhang, et al. An environmentally-friendly technology of vanadium extraction from stone coal[J]. Minerals Engineering, 2007, 20(2): 1184-1186.
[77]蒋馥华, 张萍, 何其荣, 等. 钙化焙烧法从石煤中提取五氧化二钒[J]. 湖北化工, 1992, 9(1): 20-22.
[78]陆芝华, 周邦娜, 余仲兴, 等. 石煤氧化焙烧-稀碱溶液浸出提钒工艺研究[J]. 稀有金属, 1994, 18(5): 321-326.
[79]罗彩英. 石煤提钒新工艺研究[J]. 湖南冶金, 1995(4): 5-8.
[80]戴文灿, 朱柒金, 陈庆邦, 等. 石煤提钒综合利用新工艺的研究[J]. 有色金属(选矿部分), 2000(3): 15-17.
[81]陈铁军, 邱冠周, 朱德庆. 循环氧化法石煤提钒新工艺试验研究[J]. 煤炭学报, 2008, 33(4): 454-458.
[82]许国镇. 我国南方石煤中钒价态研究的概况及其意义[J]. 煤炭学报, 2008, 33(4): 454-458.
[83]张晓惠. 石煤氧化钠化焙烧设备评析[J]. 稀有金属与硬质合金, 1999, 27(3): 53-57.
[84]邹晓勇, 欧阳玉祝, 章爱华, 等. 石煤钒矿无盐焙烧过程和设备的研究[J], 无机盐工业, 2000, 32(1): 32-34.
[85]张中豪. 原生钒矿轮窑钠化焙烧生产工艺的研究[J]. 金属矿山, 1999(9): 35-39.
[86]刘景槐, 宾智勇, 谭爱华. 含钒高岭土空白制粒回转窑焙烧-低酸浸出提取五氧化二钒试验研究[J]. 湖南有色金属, 2007, 23(5): 9-13.
[87]岑可法, 骆仲泱, 徐馨声, 等. 煤矸石、石煤循环流化床锅炉的开发[J]. 煤炭加工利用与综合利用, 1990(5): 26-29.
[88]康齐福, 施正伦. 流化床燃烧技术在石煤提钒中的应用[C]. 见: 中国颗粒学会, 编. 第六届全国流态化会议文集. 武汉: 武汉大学出版社, 1993: 338-340.
[89]易健民, 阎建辉, 高迪群, 等. 钒冶炼焙烧添加剂选择研究[J]. 稀有金属与硬质合金, 1994(1): 5-9.
[90]李中军, 庞锡涛, 刘长让. 淅川钒矿以 NaCl 和 MnO2 为添加剂的钠化焙烧过程研究[J]. 稀有金属, 1994, 18(5): 328-333.
[91]李建华, 张一敏, 刘涛, 等. 石煤提钒钠化焙烧过程复合添加剂的研究[J]. 矿业快报, 2008(4): 43-45.
[92]傅立, 苏鹏. 复合添加剂从石煤中提取钒的研究[J]. 广西民族学院学报, 2006, 12(2):

105 - 107.
[93]邹晓勇，田仁国．含钒石煤复合添加剂焙烧法生产五氧化二钒工艺的研究[J]．湖南冶金，2005，33(5)：3 - 9.
[94]邹晓勇，彭清静，欧阳玉祝，等．石煤钒矿氧化焙烧过程复合添加剂的研究[J]．湖南冶金，2005，33(5)：3 - 9.
[95]张萍，蒋馥华．苛化泥为焙烧添加剂从石煤提取五氧化二钒[J]．稀有金属，2000，24(2)：115 - 118.
[96]戴文灿，孙水裕，陈庆邦．石灰在石煤钙化焙烧中固硫作用的研究[J]．环境污染治理技术与设备，2002，3(9)：42 - 45.
[97]黄克桃，王兴桐．氧化钙化焙烧法应用于从钒云母矿中提取钒的研究[J]．武汉钢铁学院学报，1992，15(4)：335 - 339.
[98]张德芳．无污染提钒工艺试验研究[J]．湖南有色金属，2005，21(6)：16 - 17.
[99]鲁兆玲．用酸法从石煤中提取五氧化二钒的试验研究与工业实践[J]．湿法冶金，2002，21(4)：175 - 183.
[100]漆明鉴．酸浸法从石煤中提钒的中间试验研究[J]．湿法冶金，2000，19(2)：7 - 16.
[101]常娜，顾兆林，李云．石煤提钒浸出工艺研究[J]．无机盐工业，2006，38(7)：57 - 59.
[102]梁建龙，刘惠娟，史文革，等．湿法冶金提钒浸出新工艺[J]．中国矿业，2006，15(7)：64 - 66.
[103]刘利军，李继壁，宾智勇，等．陕西某碳硅质钒矿提钒工艺研究[J]．有色金属(选矿部分)，2006，(3)：28 - 30.
[104]张超达，王国生．提高石煤钒浸出率的新工艺研究[J]．金属矿山，2006(8)：218 - 220.
[105]冯孝善，叶立扬，王献风，等．氧化硫硫杆菌或氧化铁硫杆菌溶浸含钒石煤的研究[J]．浙江农业大学学报，1981，7(2)：99 - 112.
[106]李旻廷，魏昶，樊刚，等．石煤氧压酸浸提钒探索试验研究[J]．稀有金属，2007，31(专辑)：28 - 31.
[107]石爱华，李志平，李辉，等．石煤中钒的超声浸取研究[J]．无机盐工业，2007，39(8)：25 - 57.
[108]肖新望，刘绍书，熊平．用树脂矿浆法从石煤中提取钒[J]．湿法冶金，2007，26(2)：84 - 87.
[109]Xu Guozhen, Ge Nai´e, Chen Jianping, et al. Valency study of vanadium in stone coal of southern China[J]. Rare Metal, 1990, 9(2): 110 - 116.
[110]Xu Guozhen, Ge Naiè, Li Jigui. Valency study of vanadium in stone coal ash ofJiangxi province [J]. Journal of China University of Geosciences, 1990, (6): 122 - 130.
[111]Guo Wei, Fan Qiming, Hu Changping. Kinetics of vanadium oxidation during bone coal roasting in air[J]. Rare Metals, 1995, 14(4): 276 - 281.
[112]许国镇．氯化钠在石煤提钒中的作用[J]．矿冶工程，1988，8(4)：44 - 47.
[113]周应余．石煤提取五氧化二钒的食盐配比问题[J]．无机盐工业，1979(4)：40 - 41.
[114]许国镇，夏华，李权．湖北崇阳石煤中钒的价态分配[J]．北京钢铁学院学报，1988，10

(2)：257－262.

[115]钱定福. 湖北广石崖石煤钠化焙烧提钒相变机理的研究[J]. 矿产综合利用，1982(3)：8－15.

[116]伍三民. 崇阳含钒石煤的氯化钠焙烧及钒的浸出性能[J]. 铀矿冶，1988，7(2)：23－30.

[117]李国良，童庆云，王永双. 九狮坪钒钼矿的焙烧相变[J]. 钢铁钒钛，1993(5)：12－18.

[118]许国镇，王锐兵. 八都、淅川石煤烧结、包裹与钒转化的研究[J]. 稀有金属，1994，18(6)：422－427.

[119]许国镇，张秀荣，尹光衡. 江西玉山石煤烧结包裹与钒转化的研究[J]. 现代地质，1993，7(1)：109－117.

[120]申小清，杨林莎，许闽，等. 从含钒酸浸液中回收钒的工艺研究[J]. 河南化工，1999(1)：16－18.

[121]杨静翎，金鑫. 酸浸法提钒新工艺的研究[J]. 北京化工大学学报，2007，34(3)：254－257.

[122]蒋谋锋，张一敏，包申旭，等. 石英对某云母型石煤酸浸提钒的影响[J]. 有色金属（冶炼部分），2015(8)：34－38.

[123]周浩达. 下扬子区早寒武世"石煤"沉积特征与成因机理探讨－－兼论与含油气性关系[J]. 石油实验地质，1990，12(1)：36－43.

[124]张晓萍. 微细粒高岭石与伊利石疏水聚团的机理研究[D]. 长沙：中南大学，2007.

[125]中华人民共和国教育标准，JY/T 015－1996. 感耦等离子体原子发射光谱方法通则[S]. 北京：中国标准出版社，1997－01－23.

[126]Brindley G W，Lematre J. Thermal oxidation and reduction reactions of clay minerals. In：Newman A C D ed. Chemistry of Clays and Clay Minerals[C]. London：Longman Scientific and Technical，1987：319－364.

[127]José Humberto de Araújo，Nagib Francisco da Silva，Wilson Acchar，et al. Thermal decomposition of illite[J]. Materials Research，2004，7(2)：359－361.

[128]闻辂. 矿物红外光谱学[M]. 重庆：重庆大学出版社，1988. 93－94.

[129]李光辉. 铝硅矿物的热行为及铝土矿石的热化学活化脱硅[D]. 长沙：中南大学，2002.

[130]刘文新，汤鸿霄. 不同地域天然伊利石的多光谱表征与比较[J]. 应用基础与工程科学学报，2001，9(2－3)：164－171.

[131]Farmer V C. The layer silicates. In：Farmer V C (eds). Infrared Spectra of Minerals[C]. London：The Mineral society，1974. 331－362.

[132]周张健，杨中漪，陈代璋. 浙南渡船头伊利石矿的热膨胀性及其机理[J]. 矿物岩石，1996，16(3)：7－12.

[133]Lausen S K，Lindgreen H，Jakobsen H J，et al. Solid－state 29Si NMR studies of illite and illitesmectite from shale[J]. American Mineralogist，1999：1433－1438.

[134]胡岳华. 铝硅矿物浮选化学与铝土矿脱硅[M]. 北京：科学出版社，2004：34－35.

[135]He H，Guo J，Xie X，et al. A microstructural study of acid－activated montmorillonite from Choushan，China[J]. Clay Minerals，2002，37(2)：337.

[136]蔡元峰，薛纪元. 坡缕石在 HCl 溶液中的溶解行为及溶解机制[J]. 自然科学进展，2003，13(9)：933－938.

[137]王德强，王辅亚，张惠芬，等. 云母类矿物的活化释钾性能[J]. 地球化学，1999，28(5)：505－511.

[138]傅崇说. 有色冶金原理[M]. 北京：冶金工业出版社，1997：33－40.

[139]Watersa K E, Rowsona N A, Greenwooda R W, et al. The effect of heat treatment on the magnetic properties of pyrite[J]. Minerals Engineering, 2008, 21(9): 679－682.

[140]Hua Guilin, Kim Dam－Johansena, Stig Wedela, et al. Decomposition and oxidation of pyrite [J]. Progress in Energy and Combustion Science, 2006, 32(3): 295－314.

[141]许国镇. 石煤中还原性矿物对钒的价态影响[J]. 矿冶工程. 1987，7(1)：35－39.

[142]Groves S J, Williamson J, Sanyal A. Decomposition of pyrite during pulverized coal combustion [J]. Fuel, 1987, 66(4): 461－466.

[143]Aurélie Michota, David S S, Solange Degota, et al. Thermal conductivity and specific heat of kaolinite: Evolution with thermal treatment[J]. Journal of the European Ceramic Society, 2008, 28(4): 2639－2644.

[144]Castelein O, Soulestin B, Bonnet J P, et al. The influence of heating rate on the thermal behaviour and mullite formation from a kaolin raw material[J]. Ceramics International, 2001, 27(5): 517－522.

[145]Boris V L. Mechanism and kinetics of thermal decomposition of carbonates[J]. Thermochimica Acta, 2002, 38(1): 1－16.

[146]中南矿冶学院团矿教研室编. 铁矿粉造块[M]. 北京：冶金工业出版社，1978：75－76 .

[147]任允芙，风麟. 酒钢含重晶石铁精矿在烧结过程中重金晶石分解机理和脱硫的研究[C]. 见：中国选矿科技情报钢工艺矿物网，编. 第三届全国工艺矿物学学术会议论文集. 北京：中国选矿科技情报网，1985：377－383.

[148]马鸿文. 工业矿物与岩石[M]. 北京：地质出版社，2002：37－45.

[149]唐贤容，王笃阳，等. 烧结理论与工艺[M]. 长沙：中南工业大学出版社，1990：188－198.

[150]Rouquerol F, Rouquerol J, Sing K. Adsorption by Powders and Porous Solids, Principles Methodology and Applications[M]. Academic Press, Harcourt Brace& Company, 1999: 205－207.

[151]Sing K S W, Everett D H, Haul R A W, et al. Reporting physisorption data for gas/solid systems with special reference to the determination of surface area and porosity[J]. Pure and Applied Chemistry, 1985, 57(4): 603－619 .

[152]Brunauer S. Pore Structure of Solids[J]. Pure and Applied Chemistry, 1976, 48(4): 401－405.

[153]Dubinin M M. Fundamentals of the theory of adsorption in micropores of carbon adsorbents: characteristics of their adsorption properties and microporous structures[J]. Pure and Applied Chemistry, 1989, 61(11): 1841－1843 .

[154] Piotr Kowalczyk, Vladimir M. Gun ´ko, Artur P. Terzyk, et al. The comparative characterization of structural heterogeneity of mesoporous activated carbon fibers[J]. Applied Surface Science, 2003, 26(1 –4): 67 –77.

[155] Barrett E P, Joyner L G, Halenda P P. The determination of pore volume and area distributions in porous substances. Ⅰ. Computations from nitrogen isotherms[J]. Journal of the American Chemical, 1951, 73(1): 373 –380 .

[156] 张慧. 煤孔隙的成因类型及其研究[J]. 煤炭学报, 2001, 26(1): 40 –43.

[157] 许国镇, 潘茂昌, 司徒安力, 等. 石煤中钒的氧化动力学初步研究[J]. 现代地质, 1988, 2(4): 507 –515.

[158] 韩其勇. 冶金过程动力学[M]. 北京: 冶金工业出版社. 1983: 49 –50.

[159] Pourbaix M. Atlas of Electrochemical Equilibria in Aqueous Solution[M]. London: Oxford Pergamon Press, 1996: 25 –448.

[160] Gmelin. Handbook of Inorganic and Organometallic Chemistry[M], 8th edition. Vanadium System – Nr. 1996: 48.

[161] Kerby R C, Wilson J R. Solid – Liquid phase equilibria for the ternary system V2O5 – Na2O – Fe2O3, V2O5 – Na2O – Cr2O3 and V2O5 – Na2O – MgO[J]. Canadian Journal of Chemistry, 1973, 51(7): 1032 –1040.

[162] Barin I, Knacke O. Thermochemical properties of inorganic substances[M]. Berlin: Springer – Verlag, 1973: 1710 –1715.

[163] Tracey Alan S, Gail Ruth Willsky, Esther Takeuchi. Vanadium: Chemistry, Biochemistry, Pharmacology and Practical Applications[M]. Boca Raton: CRC Press, 2007: 20 –27.

[164] 李国良, 何晋秋. 钒在溶液中的状况[J]. 国外钒钛(第十四辑), 1975: 15 –25.

[165] Clark R J H, Brown D. The Chemistry of Vanadium, Niobium and Tantalum[M]. London: Oxford Pergamon Press, 1975: 261 –302.

[166] Bailar J C, Emeleus H J, Emeleus H J, et al. Comprehensive Inorganic Chemistry[M]. Oxford: Pergamon Press, 1973: 517 –524.

[167] Kepert D L. The Early Transition Elements[M]. London: Academic Press, 1972: 162 – 180.

[168] Péter Buglyó, Debbie C. Crans, Eszter M. Nagy, et al. Aqueous chemistry of the vanadiumIII (VIII) and the VIII – dipicolinate systems and a comparison of the effect of three oxidation states of vanadium compounds on diabetic hyperglycemia in rats[J]. Inorganic Chemistry, 2005 (44): 5416 –5427.

[169] Weckhuysen Bert M, Daphne E. Kelle. Chemistry, spectroscopy and the role of supported vanadium oxides in heterogeneous catalysis[J]. Catalysis Today, 2003(78): 25 –46.

[170] Cotton F A, Wilkinson G. Advanced Inorganic Chemistry[M], 6th edition. New York: Wiley – Interscience, 1992: 818 –830.

[171] Pourbaix M. Atlas of Electrochemical Equilibria in Aqueous Solution[M]. London: Oxford Pergamon Press, 1966: 234 –245.

[172] Rimstidt J D, Barnes H L. The kinetics of silica – water reactions[J]. Geochimica et

Cosmochimica Acta, 1980, 44(11): 1683 - 1699.

[173] Loretta A. Williams, David A C. Silica diagenesis II: General mechanisms[J]. Journal of Sedimentary Research, 1985, 55(3): 312 - 321.

[174] Krauskopf K B. Dissolution and precipitation of silica at low temperatures[J], Geochim Cosmochim Acta, 1956(10): 1 - 26.

[175] Vansant E F, Voort P V D, Vrancken K C. Characterization and chemical modification of the silica surface[M]. Amsterdam: Elsevier, 1995: 16 - 18.

[176] Bergna H E. The Colloid Chemistry of Silica[M]. Washington D C: ACS, 1994: 1 - 10.

[177] Mahendra P V. Chemical thermodynamics of silica: a critique on its geothermometer[J], Geothermics, 2000, 29(3): 323 - 346.

[178] 胡岳华, 王毓华, 王淀佐, 等. 铝硅矿物浮选化学与铝土矿脱硅[M]. 北京:科学出版社, 2004: 198 - 201.

[179] 戴安邦. 硅酸聚合作用的一个理论[J]. 南京大学学报(化学版), 1963(1): 1.

[180] May H M, Helmke P A, Jackson M L. Gibbsite solubility and thermodynamic properties of hydroxy - aluminum ions in aqueous solution at 25℃[J]. Geochimica et Cosmochimica Acta, 1979, 43(6): 861 - 868.

[181] Wasserman E, Rustad J R, Xantheas S S. Interaction potential of Al^{3+} in water from first principles calculations[J]. The Journal of Chemical Physics, 1997, 106(23): 9769 - 9780.

[182] 夏自发. 废锂离子电池中有价金属提取研究[D]. 硕士学位论文, 长沙: 中南大学, 2007.

[183] Nordstrom D K, Ball J W. The geochemical behavior of aluminum in acidified surface waters [J], Science, 1986, 232(4746): 54 - 56.

[184] 杨显万, 何霭平, 袁宝州. 高温水溶液热力学数据计算手册[M]. 北京: 冶金工业出版社, 1983.

[185] 李宽良. 水文地球化学热力学[M]. 北京: 原子能出版社, 1993: 233 - 243.

[186] 胡显智. 高镁矿石酸浸降镁及浸出液综合利用研究[D]. 昆明: 昆明理工大学, 2002.

[187] F · 哈伯斯. 提取冶金原理(第一卷): 冶金原理[M]. 北京: 冶金工业出版社, 1978: 100 - 102.

[188] 孙召明, 赵中伟. 冶金化学动力学研究中应注意的几个问题[J]. 稀有金属与硬质合金, 2001(3): 27 - 30.

[189] 刘晓文. 一水硬铝石和层状硅酸盐矿物的晶体结构与表面性质研究[D]. 长沙: 中南大学, 2003.

[190] Hu Y, X Liu, Zhenghe Xu. Role of Crystal Structure in Flotation Separation of Diaspore from Kaolinite, Pyrophyllite and Illite[J]. Minerals Engineering, 2003, 16(3): 219 - 227.

[191] 刘文新. 不同来源天然伊利石理化性质的对比研究[D]. 北京: 中科院生态环境研究中心. 1999.

[192] Giese R. F. Interlayer Bonding in Talc and Pyrophyllite [J]. Clays and Clay Minerals, 1975, 23(2): 165 - 166.

[193]杨武国. 层状硅酸盐机械活化浸出制备多孔材料的研究[D]. 长沙：中南大学. 2005.

[194]Xie Zhixin, John V W. Incongruent Dissolution and Surface Area of Kaolinite [J]. Geochimica et Cosmochimica Act, 1992, 56: 3357 - 3363.

[195]杨艳霞. 纤蛇纹石酸浸及其制备氧化硅纳米线的研究[D]. 长沙：中南大学. 2007.

[196]Barry R B, Dirk Bosbach, Michael F, et al. In situ atomic force microscopy study of hectorite and nontronite dissolution: Implications for phyllosilicate edge surface structures and dissolution mechanisms[J]. American Mineralogist, 2001, 86(4): 411 - 423.

[197]赵中伟，李洪桂，刘茂盛，等. 广泛粒度分布条件下冶金动力学研究新方法 - 表面化学反应控制[J]. 中南工业大学学报，1996, 27(2): 177 - 180.

[198]赵中伟，李洪桂，孙培梅，等. 广泛粒度分布条件下片状矿物浸出动力学[J]. 矿冶工程，2002, 22(2): 87 - 89.

[199]李洪桂. 湿法冶金学[M]. 长沙：中南大学出版社，1998: 69 - 122.

[200]龚美菱. 化学物相分析研究论文集[C]. 西安：陕西科学技术出版社，1996: 423 - 425.

[201]鲍超. 石煤发电烟尘沸腾钠化焙烧提钒过程的分析[J]. 矿冶工程，1990, 10(3): 40 - 41.

[202]谭凯旋，张哲儒，王中刚. 矿物溶解的表面化学动力学机理[J]. 矿物学报，1994, 14(3): 207 - 214.

[203]中国科学院地球化学研究所. 高等地球化学[M]. 北京：科学出版社，1998: 148 - 153.

[204]蒋引珊，金为群，权新君，等. 黏土矿物酸溶解反应特征[J]. 长春科技大学学报，1999, 29(1): 97 - 100.

[205]Lasaga A C. Chemical kinetics of water - rock interac - tion [J]. Journal of Geophysical Research, 1984(89): 4009 - 4025.

[206]Russell J H, Collins D C, Rule A R. Vanadium roast - leach dissolution from western phosphate tailings [M]. Washington D C: Bureau of Mines, 1982: 214.

[207]肖文丁. 广西上林石煤的矿物学和湿法提钒研究[J]. 有色金属，2007, 59(3): 85 - 9.